2

MANUAL PRACTICO PARA LA IMPLEMENTACION DE LA MEJORA CONTINUA CON LEAN SIGMA

Juan José Rodriguez

© 2023. Juan José Rodríguez

ISBN: 9798858845737

Portada diseñada y realizada por

Sello: Independently published

4

Prólogo

En esta época que vivimos; de constante cambio y con múltiples amenazas para la supervivencia de las empresas, que se define actualmente como entorno VUCA (Volátil, Incierto, Complejo y Ambiguo), las organizaciones que no se adaptan, sucumben.

Las metodologías de mejora continua, tales como LEAN, Six Sigma y la combinación de ambas (LEAN Sigma), han demostrado a lo largo de la segunda mitad del siglo XX y en este primer cuarto del siglo XXI que, si se implantan en una organización de forma adecuada, suponen una ventaja competitiva y de adaptación para asegurar su supervivencia a largo plazo.

Juan Rodríguez ha vivido la evolución del LEAN, SIX SIGMA y VaVe desde su inicio y ha desarrollado su carrera profesional implantando la filosofía de mejora continua en múltiples empresas, sectores y países a lo largo del mundo en este vasto periodo.

Juan es un maestro y un líder. Es una persona con una gran capacidad pedagógica que enseña con una increíble sencillez y hace que fluyan los proyectos.

En este libro nos enseña la metodología de implementación de la mejora con LEAN Sigma aportando la gran experiencia y sabiduría que atesora.

Muchas gracias "sensei" por darme la oportunidad de escribir este prólogo, por darme las bases metodológicas de LEAN Sigma, que utilicé en mi tesis doctoral sobre reducción de errores de medicación haciendo un ciclo DMAIC, con la que obtuvimos el 1 er premio KAIZEN LEAN 2017 de excelencia en la Salud, otorgado por el Kaizen Institute Spain y, sobre todo, te agradezco ser uno de los afortunados que han trabajado contigo.

Francisco de Asís López Guerrero. Pharm D. Ph. D.

Jefe del Servicio de Farmacia y director de Calidad

Ribera Hospital de Molina.

Molina de Segura (Murcia),

España

INTRODUCCIÓN:

Desde la Revolución Industrial, a través de la Recesión Económica, a la revolución Lean o Sistema de Producción Toyota, hasta la Calidad Six Sigma, Value Analisis y Value Engineering, hasta Industria 4.0 y la utilización de Inteligencia Artificial en la Industria a nivel global. Este es un manual práctico de implementación de proyectos Lean Sigma de Mejora Continua.

A mediados de los 80s cercas del final del siglo XX, la gran recesión económica golpeo con fuerza a los Estados Unidos de Norteamérica, el equipo de colaboradores del presidente Ronald Reagan, le hicieron notar que la empresa Toyota estaba ya batiendo en ventas a las empresas de automóvil norteamericanas, la calidad y la garantía que ofrecían era mucho mejor que cualquier auto norteamericano y europeo, por el mismo precio.

Tras una investigación, se logró saber la base de dichos programas de mejora en la industria japonesa, ya que desde mediados de los años 50 un norteamericano llamado Dr. Edwards Deming, gran experto en Estadística y Calidad estaba entrenando la industria en Japón. La doctora Nancy Mann, estaba escribiendo y editando los libros del Dr. Deming, así que
7

decidieron hacer una propuesta para que, a través de la Coordinación y liderazgo de la Dra. Nancy Mann, y con la venia del Dr. Deming se empezó a diseñar un plan de trabajo de educación en sistemas de mejora en los Estados Unidos de Norteamérica.

El programa constaba de tres entrenamientos para cubrir la mayoría de la industria americana, uno en Boston, otro en Houston Texas, y el tercero en Los Ángeles California, con una capacidad de 500 directivos, ejecutivos e ingenieros de la industria en cada uno. En ese tiempo, yo estaba trabajando para la empresa Rockwell International Collins, Military Systems Division, donde el CEO de nuestra División, el Sr. Gil Amelio y yo fuimos designados para recibir el entrenamiento del Dr. Deming en Houston. Mi trabajo seria impartir todos los conocimientos recibidos en el programa, en varias de las divisiones de defensa de Rockwell International. Un trabajo que me llevo a entrenar personal de Rockwell en las plantas del norte de México y sur de los Estados Unidos. El nuevo sistema de trabajo en los Estados Unidos se marcó como Sistema Lean, con todas las bases del Sistema de Producción Toyota. Uno de los entrenamientos que más me impresiono, fue la simulación de las bolitas o canicas blancas

8

y rojas, el Dr. Deming tenía un gran contenedor de plástico con cientos de bolitas blancas y rojas. Anuncio que necesitaba unas 12 o 15 personas en el estrado para hacer la simulación, casi todos levantamos la mano para participar, pero eran más de 400 personas levantando la mano. El Dr. Deming decidió hacer una selección de personas para hacer la simulación, así que dijo, aquellas personas que tienen como salario más de $140,000 / anual, levanten la mano por favor. En 1989 $140,000 de sueldo marcaba el sueldo base de los más altos ejecutivos en los Estados Unidos. Aun así, eran más de 50 personas con la mano en alto, entonces anuncio, ahora solo aquellas personas con un sueldo base de más de $500,000 anuales dejan su mano levantada, fue sorprendente ver que aún mas de 25 personas tenían su mano levantada, así que volvió a hacer un nuevo anuncio, solo las personas con un sueldo base mayor de $1,000,000 anuales dejan su mano levantada, ¡¡15 personas tenían su mano levantada! Los invito a subir al estrado para darles las instrucciones de la simulación, y nos preguntó al resto, ¿creen ustedes que estas personas están capacitadas para jugar esta simulación? Yo le dije a mis colegas cercas de mí, ahora en 1989 si tienes un sueldo de más de un millón de dólares, ¡¡casi hasta puedes caminar sobre el agua!! Mi sueldo era solo de $75,000 anuales. El Dr. Deming explico que haría un pequeño estudio con Estadística de datos, para mostrarnos una gráfica estadística de los problemas con detalle real. Les entrego una tableta con 12 hoyos y les pidió introducir la tableta entre las bolitas y sacar solo bolitas blancas, pero utilizando solo una mano, ¡la otra mano debería estar detrás de su cintura! Esto era casi imposible de lograr ya que había una gran cantidad de bolitas rojas en el contenedor, así que cuando llegaban a mostrarle la paleta con bolitas rojas y blancas les decía, ¿es que no entendió que solo quiero bolitas blancas? ¡Le decían, pues es imposible hacerlo con una sola mano! ¡Y hay demasiadas rojas! Acto seguido los pasaba a la persona que estaba tomado los datos para hacer la gráfica estadística. Después de unas 10 o 12 rondas de muestras, el Dr. Deming nos mostró los datos y las gráficas estadísticas del ejercicio, ¿nos preguntó? ¿Qué se puede ver en estas graficas? Era evidente que la parte más alta de la curva era en un 20%, con caídas normales hacia los dos lados, por lo cual nuestra contestación fue, que hay más o menos un 20% de bolitas rojas en el contenedor! Y nos explicó, las bolitas blancas son los pasos de los procesos de nuestros empleados, las rojas, son los problemas que están dentro de nuestros procesos y solo los directivos, encargados e ingenieros de estos procesos podemos remover. ¡Pero aun así le exigimos a nuestros empleados que solo produzcan bolitas blancas!

Esta simulación fue mi gran entrada al Sistema Lean o el Sistema de Producción Toyota, de aquí, partimos como primer eslabón en la mejora continua de procesos.

Este libro, es solo una ayuda de cómo llevar a cabo este tipo de proyectos, exponiendo solo algunos de los más importantes, sería muy largo exponer cada proyecto en detalle, así que hablare más que nada, de la parte práctica del proceso de la mejora continua, y como desarrollar equipos de trabajo Lean Sigma para la implementación de la Mejora Continua en la Empresa. Todo este libro está basado en mi propia experiencia de consultoría Internacional Lean Sigma, y Liderazgo efectivo en más de 40 países a nivel global.

Capítulo 1 – La Mejora Continua

¿La crisis, algo nuevo? W. Edwards Deming hablo de eliminar estándares de producción, y la mejora continua a los ingenieros japoneses, y el principio de "Proveedor, proceso de producción, cliente" como un Sistema de Producción en 1987

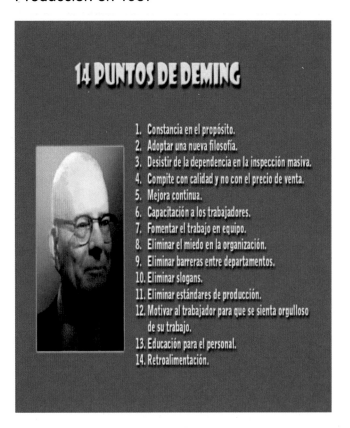

"Si no puedes describir lo que estás haciendo como un proceso, entonces, no sabes lo que estás haciendo"

Esta es la metodología de Calidad, Competitividad y posición competitiva de acuerdo con el Dr. Deming.

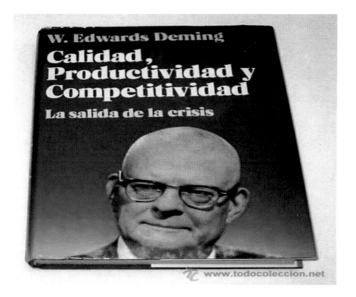

El origen del Sistema Lean, de Toyota Production System en Japon, y como llego a América.

El sistema Lean nació en Japón inspirado en los principios de W. Edwards Deming y perfeccionado por Taiichi Ohno y Shigeo Shingo como Toyota Production System. Para poder mantener su competitividad la industria automotriz americana tuvo que adoptar el sistema, denominándolo Lean Manufacturing.

¿Porque la industria norteamericana decidió implementar la Filosofía Lean Sigma al final del siglo XX?

Para mejorar la utilización de los recursos, reduciendo los requerimientos de producción, Capital o Materiales en Inventario (Materia Prima, Trabajo en Proceso y Producto Terminado), reduciendo del promedio de 7 meses a 5 días de Inventario.

Una gran mejora del conocimiento y la utilización de la precisión de los pronósticos de la demanda y la capacidad.

Mejora de la velocidad y flexibilidad en la entrega a clientes (del promedio de 27 días a 3 días o 1 día)

Una mejora real de la calidad del producto (aceptación a la primera) en todos los procesos de la empresa, alcanzando niveles de 80,000 defectos por millón hasta menos de 1000 defectos por millón (0.001% de rechazos en todos los procesos)

Podemos obtener resultados mediocres con personas brillantes, y un proceso mediocre, O, Podemos obtener resultados brillantes con personas normales, y con un proceso brillante.

Pero, que es un proceso, ¿y cuáles son las visiones de ese proceso?

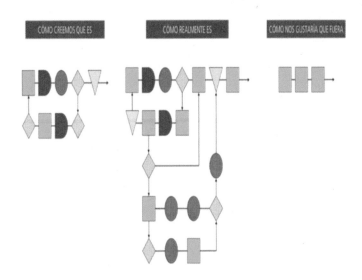

CÓMO CREEMOS QUE ES　　CÓMO REALMENTE ES　　CÓMO NOS GUSTARÍA QUE FUERA

¿Cuáles son los elementos del Sistema Lean?

16

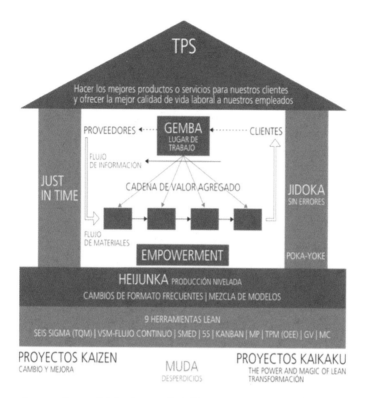

1.   Los Objetivos del Sistema Lean son:

a.   Ofrecer los mejores productos o servicios para nuestros clientes al mejor coste posible

b.   Ofrecer la mejor Calidad de vida laboral a nuestros empleados

2.   Producción y entregas Justo a Tiempo, sin inventarios excesivos

3.   Producción sin errores y sin necesidad de inspección de calidad

4.   Una cadena de producción de valor agregado de forma continua

5.   Empleados entrenados y empoderados con el poder de decisión de cambiar y mejorar los procesos.

6.   Una producción nivelada con cambios de formato frecuentes, cambios de formato de 9 minutos o menos.

Todo esto se debe lograr a través de la utilización continua de las 9 herramientas Lean que son:

1.   TQM o Calidad Total en todos los procesos. Calidad de nivel Six Sigma en los niveles más avanzados.

2.   Crear una cadena de valor de flujo continuo

3.   SMED o Single Minute Exchange of Dies, cambios de formato en solo un digito, 9 minutos o menos.

4.   Implementar las 5Ss de organización y limpieza.

Seiton, Organizar

Seiso, Limpiar

Seiketsu, Estandarizar

Seiri, Separar

Shitsuke, Autodisciplina

5.   Implementar sistema de Kanban, proveedores, producción y clientes

6.   Utilizar Maquinas más pequeñas.

7.   Mantenimiento Preventivo Total

8.   Gestión Visual en todas las áreas

9.   Implementar la Mejora Continua

La eficiencia total del equipo o OEE, usualmente es parte de las mejoras de TQM, SMED, y TPM o Mantenimiento productivo total.

Todo esto se logra con dos tipos de proyectos,

1.   Proyectos Kaizen, que son pequeños proyectos de cambio y mejora

2. Proyectos Kaikaku, que son los grandes proyectos del poder y la magia de la Transformación Lean.

Estos proyectos están basados en la identificación y reducción de los desperdicios en cada proceso, Muda, Muri y Mura.

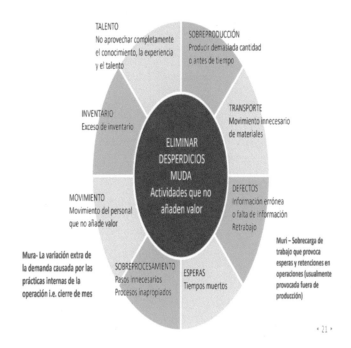

TALENTO
No aprovechar completamente el conocimiento, la experiencia y el talento

SOBREPRODUCCIÓN
Producir demasiada cantidad o antes de tiempo

INVENTARIO
Exceso de inventario

TRANSPORTE
Movimiento innecesario de materiales

ELIMINAR DESPERDICIOS MUDA
Actividades que no añaden valor

MOVIMIENTO
Movimiento del personal que no añade valor

DEFECTOS
Información errónea o falta de información
Retrabajo

Mura- La variación extra de la demanda causada por las prácticas internas de la operación i.e. cierre de mes

SOBREPROCESAMIENTO
Pasos innecesarios
Procesos inapropiados

ESPERAS
Tiempos muertos

Muri – Sobrecarga de trabajo que provoca esperas y retenciones en operaciones (usualmente provocada fuera de producción)

‹ 21 ›

20

Muda son los desperdicios creados dentro del proceso de producción o servicio, usualmente pasan desapercibidos pues las personas aprenden a vivir con estos desperdicios día a día y los tomas como parte del proceso.

Muri y Mura son los desperdicios de gran peligro, y que usualmente son provocados fuera de producción, prácticas de la empresa como completar una cantidad designada de producción al final de mes, ventas especiales el final de mes para completar la comisión de ventas, en muchas ocasiones dichas ventas que provocaran devoluciones a principios de mes, errores gerenciales de ingeniería, etc., etc.

En mi larga carrera de proyectos a nivel global, he aprendido que descubrir y reducir los problemas de Muda, son usualmente fáciles de hacer, pero descubrir y reducir problemas de Muri y Mura precisan de mucha observación, medición e investigación pues serán invisibles por parte del personal directivo.

¿Qué es Lean y que es Six Sigma?

Es muy importante reconocer las diferencias de estas dos prácticas de mejora continua, la primera es la preparación para el camino de la Mejora Continua, la segunda es la gestión de

Calidad Mundial. Como un ejemplo, Lean es la preparación de Atletas para pertenecer al equipo universitario y representar tu Alma Mater, Six Sigma es la preparación de los mejores atletas de una nación para representar tu país en los juegos olímpicos...

	Sistema de Gestión Lean	Sistema de Herramientas de Estadística Six Sigma
Enfoque	Reducción de acciones que no agregan valor	Reducir Variabilidad en en los procesos
Visión	Reducir desperdicios, Muda, Muri y Mura Aumentar la velocidad de los procesos	Reducir los defectos y Aumentar la capacidad del Proceso
Metodología	Kaizen / Kaikaku	DMAIC
Herramientas Principales	8 Desperdicios, VSM, SMED, Poke Yoke	Graficas de Control, SIPOC, DOE, MSA, ANOVA
Principal Objetivo	Simplificar el Proceso	Confiabilidad del Proceso

¿Qué es un Lean Sensei? ¿Lean Expert?

- Sensei es el Líder de la Implementación del Sistema Lean o Sistema de Producción Toyota, dirige el trabajo de los Lean Experts.

- Sensei es responsable de Proyectos Kaikaku o Proyectos de Transformación Total Lean, así como responsable de Entrenamiento Lean a Alta Dirección.

- Lean Expert es responsable de llevar a cabo los proyectos Kaizen necesarios para preparación de un Proyecto Kaikaku

Que es un Six Sigma Máster Black Belt

Máster Black Belt es el responsable de los resultados de todos los proyectos Six Sigma en la Empresa, el requisito es lograr un mínimo de $150,000 dlls de ahorros para la empresa en un ano., los resultados deben ser aprobados por el departamento financiero y Alta Dirección de la empresa.

Black Belt es responsable de cuando menos un Proyecto de mejora con ahorros mínimos de $50,000 dlls anuales para la empresa.

Green Belt es responsable del apoyo Estadístico y Graficas de todos los proyectos Six Sigma en la empresa, así como liderar pequeños proyectos de mejora con un mínimo de $25,000 dlls de ahorros en un ano para la empresa.

¿Qué es la Certificación de Va Ve?

Va Ve (Value Analysis, Value Engineering)

Value Analisis es el Análisis de valor de un producto en producción, como un producto puede ser mejorado en sus funciones y reducir materiales en su producción.

Value Engineering es el Análisis de ingeniería de valor de un producto en diseño.

Fases de la Mejora continua, desde una empresa tradicional hasta una Empresa de Clase Mundial.

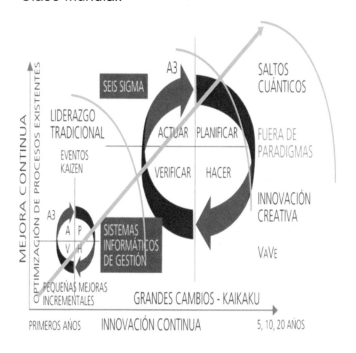

1. El primer paso es a través de la mejora continua utilizando Proyectos Kaizen, con pequeñas mejoras incrementales, mejoras en los Sistemas Informáticos de Gestión, Sistemas de Gestión Visual como los informes A3 de cada equipo Kaizen, y sobre todo con

25

entrenamiento al liderazgo o gerencia tradicional. Se mide la productividad, y poco a poco se introduce la medición del OEE o Overall Equipment Efficiency de cada proceso en la empresa, en este nivel la productividad suele medirse entre el 80 y el 90%, pero el OEE suele estar entre el 50 y el 70%. La planificación de la producción está basada en la capacidad tradicional de cada proceso en la empresa.

2. El siguiente paso son los proyectos de mejora de la calidad, confiabilidad del proceso, y la reducción de la variabilidad, estos son los proyectos de Six Sigma. Una capacidad de Producción basada en un entorno mejorado, donde ya medimos OEE entre un 70 y un 90%, así como medir y reducir el Coste de la No Calidad o CNC.

Sistemas informáticos de gestión mejorados, donde el cuadro de mando de la empresa es ya generado por el sistema informático de gestión. En este paso ya se llevan a cabo proyectos Kaikaku donde los procesos de la empresa han sufrido un cambio total de mejora.

3. El tercer paso de la mejora continua es ya un entorno Lean puro, con una producción basada en la demanda, implementación de sistemas Kanban en todos los procesos de la empresa, y mejoras de producto con estudios de VaVe.

En este libro tratare de explicar varios proyectos de cada fase del proceso de la mejora continua, así como ejemplos de empresas que ya lo han logrado al igual que Toyota hizo con el Toyota Production System no solo en Japon, sino en todos los países que tiene ya producción de sus productos para venta a nivel global.

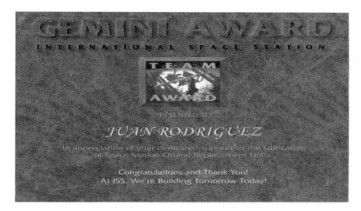

Capítulo 2

Mejora Continua – Fase 1

Proyectos Lean

Fase I – Proyectos Kaizen

1. VSM

2. Mejora de la Calidad OEE

3. 5S´s

4. Mejora del Flujo y eficiencia

5. SMED - OEE

6. TPM – Mejora del OEE

7. Kaizen de Mejora del OEE

8. Reducción y Gestión de Inventarios

9. Compras – Mejora de la Cadena de Abastecimiento

10. Oficina/ Administración Lean

11. Contabilidad Lean

12. Gestión Visual Lean

13. Proyectos de Mejora de productos

14. Implementación de Kanban en materiales auxiliares

15. Implementación de Kanban en el Proceso

16. Mejora de los Recursos Humanos, formación y desarrollo

17. Mejora de la Salud y Seguridad Laboral

18. Mejora de la Logística y Distribución

19. Lean IT

20. Sanidad Lean en Hospitales

21. Administración Pública Lean

En este libro presentaremos algunos ejemplos de los más importantes proyectos Kaizen que hemos llevado a cabo a nivel global en más de 40 países.

Kaizen de Value Stream Map o VSM

Los Equipos Kaizen aprenderán a identificar y analizar la cadena de producción de forma global, plasmando la cadena de valor tanto de materiales como de información y documentación, analizando los pasos del proceso cronológicamente, tiempos y documentación, además de entrevistar a los dueños del proceso y proveedores para obtener mayor información.

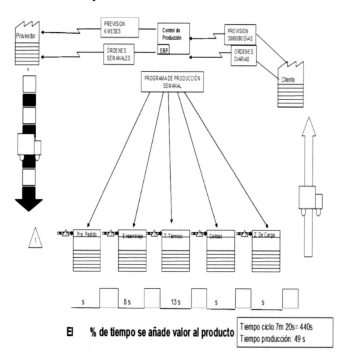

El   % de tiempo se añade valor al producto

Tiempo ciclo: 7m 20s= 440s
Tiempo producción: 49 s

La información siguiente deberá ser recogida e incluida en el mapa:

-       Tiempo de Ciclo, Tiempo de Cambio de Formato y Preparación, Calidad, Disponibilidad del Equipo, Porcentaje de Recursos compartidos y operarios que trabajan en el proceso.

-       Identificar las operaciones principales que fabrican el producto.

-       Inventario (Materias Primas y Auxiliares, WIP, producto semiterminado y terminado).

-       Clientes identificados, nivel de demanda, frecuencia de entrega y modo, así como la forma en la que el cliente comunica sus requerimientos.

-       Proveedores principales identificados, entrega de productos, frecuencia de la entrega y modo e información proporcionada al proveedor.

-       Manera en que Producción alimenta de información a la planta, que información es la que comparte y con qué frecuencia.

Esta identificación de la cadena de suministro se lleva a cabo a través de dos herramientas metodológicas:

•　　Value Stream Mapping (V.S.M.), para identificar los diversos pasos que componen la cadena de suministro.

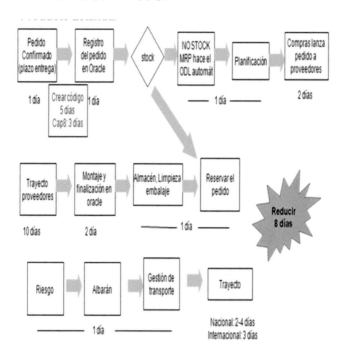

Plazo de entrega al cliente: 15 días

Total tiempo del flujo: 22 días　　con paso por ingeniería: 25 a 27 días

33

• Identificación del flujo administrativo a través del Brown Paper, para la identificación cronológica de los diversos documentos que intervienen en la cadena de abastecimiento.

• Observaciones en planta, definir las cajas de los procesos y la información relevante de dichos procesos.

El VSM es la parte más importante antes de iniciar cada proyecto Kaizen, así que usualmente este debería ser el primer paso, a continuación, incluimos el VSM completo de la Empresa Boeing donde se incluyen el diagrama de Espaguetti con movimientos de material, el diagrama de Valor Agregado de cada paso del proceso, y el diagrama de Takt

Time de cada operación dentro del proceso a mejorar, este es un VSM muy completo.

El VSM marca cada operación, tiempo de ciclo o Takt Time, tiempo de cambio de formato, inventarios entre operaciones, y tiempo total de entrega desde la entrada hasta el final del proceso.

El diagrama de Espaguetti nos muestra los nos muestra los movimientos del material en el proceso.

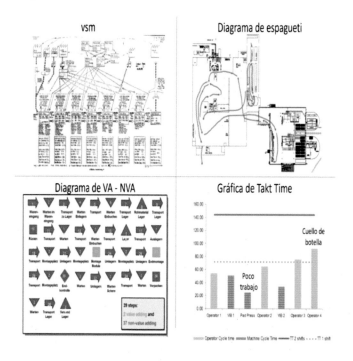

El Diagrama de Value Added – Non Value Added nos muestra las veces que tocamos el producto, en rojo donde no lleva valor añadido como transporte, y en verde donde si lleva valor añadido como ensamble.

El diagrama de Takt Time nos muestra el tiempo real que lleva realizar cada operación.

Es importante hacer notar que cada proyecto Kaizen deberá llevar un VSM inicial, así como un VSM final, donde también incluiremos un informe A3, plan o planes de acción, y una propuesta de ahorros, que en mi opinión como máximo debe ser no mayor de un 20% de mejora, aunque los resultados anualizados sean mucho mejor la mayoría de las veces.

Kaizen de Mejora de la Calidad o TQM

Este Kaizen es parte importante de la mejora del OEE, así que puede hacerse como un Kaizen separado o como parte de un Kaizen de mejora del OEE en la empresa.

Los Equipos Kaizen aprenderán a identificar y analizar la cadena de valor del proceso, analizando los pasos del proceso cronológicamente, tiempos y documentación, además de entrevistar a los dueños del proceso y proveedores para obtener mayor información.

Se estudiarán los inputs y los outputs teniendo en cuenta el objetivo final que son los cero defectos.

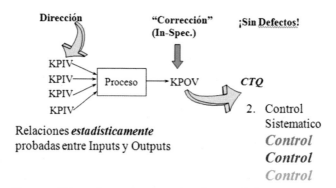

Se utilizarán herramientas tales como histogramas para estudiar la calidad dentro del proceso.

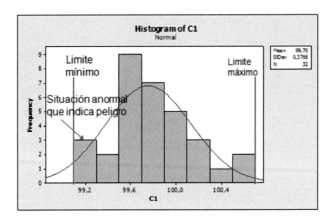

Identificación de problemas.

Una vez identificados los Value Streams y definido el Brown Paper, se lleva a cabo Brain Storming o tormenta de ideas por parte del Equipo Kaizen para detectar los posibles problemas de calidad, clasificándolos en un diagrama de Ishikawa en Materiales, Métodos, Equipo y Maquinaria.

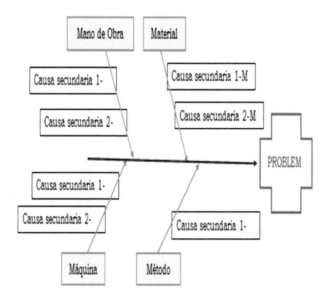

Estos desperdicios se priorizarán para resolver aquellos que tienen mayor influencia sobre eficiencia, coste y calidad. En algunos casos esta priorización deberá incluir un estudio de FMEA (Failure Mode and Effects Analysis) así como matrices de Causa y Efecto (Cause and Effect Analysis).

Nivel de importancia para el cliente - CTQ's	10	10	10	10	7,5	5	7,5	8		
Entradas al proceso	Pureza cromatográfica	Color	Entrega a tiempo	Cantidad	Precio incentiva de mejora (proactividad)	Pureza	Pérdida de peso	Total	Prioridad de KPIV y KPOV's (los mas altos)
MATERIAS PRIMAS										
Isopropanol Fresco	8	5	10	7	0	0	10	0	375	
Isopropanol Recuperado	8	5	0	7	0	0	10	0	275	
Pureza de Turbo 51	10	10	10	10	0	0	10	0	475	3
Menamac Recuperado	5	5	0	0	0	0	5	0	137,5	
Acético glacial	10	9	10	10	0	0	10	0	465	4
Envases	0	0	10	0	0	0	0	0	100	
Etiquetas	0	0	10	0	0	0	0	0	100	
Bolsas, bridas y abetos	0	0	10	0	0	0	0	0	100	
Palets	0	0	10	0	0	0	0	0	100	
Flejado y retractilado	0	0	10	0	0	0	0	0	100	
Producto final									0	
									0	
MÉTODO									0	
Descarga IPA fresco a contenedores con línea directa en un futuro. Filtrado	9	9	0	0	0	0	0	0	180	
IPA Recuperado. Desde depósito de destilación, previo control.	9	9	0	0	0	0	0	0	180	
Montaje de filtro para la carga del IPA recuperado, +Turbo 51+ Acético glacial	9	9	0	0	0	0	0	0	180	
Turbo 51. Fundir bidones antes de cargar al reactor. T80°C. 6horas	0	7	5	5	0	0	0	0	170	

Después de la matriz de causas y efectos, ahora nos toca hacer el análisis de fallos, severidad, frecuencia de acontecimientos, y grado de detección de los fallos. Estos son los KPIV´s, o entradas críticas al proceso.

Proceso dietra/mag/ñar (RPN %) Función	Modo Potencial Fallo	Efectos potenciales de fallo	Mecanismos/Causas Potenciales de Fallo	Frequencia parte	Contro actual en el sito	Contención actual en el sito	Detección 1	Total 1	Acciones recom endadas para explar de control de entradas
equipo proceso	error en hoja	provocar accidente	no hay formato de comunicación	comunicar	no se analiza				
		mal producto	hay canales de información	al jefe de planta					
		el producto sale mal 2		1		1	6	13	35
Filtro FI-4200 Válvulas	rotura de malla	perdida de producto y de tiempo	fatiga, mala en antiguación,	control visual (mal filtr)	toque de proceso				Control estadístico de revisiones y cambios
		contaminación de producto 4		4		2	5	13	66
5?	mal muestreo, análisis mal sumistro mal etiquetado	mal producto bajo rendimiento probabilidad de accidente 5	errores de etiquetado, muestra, errores de análisis	no los hay	análisis				
				1		1	2	40	10
Aceites gasoil	mal muestreo, análisis mal sumistro mal etiquetado	mal producto bajo rendimiento probabilidad de accidente 5	errores de etiquetado, muestra, errores de análisis	no los hay	análisis				
				1		1	2	40	10
Entrega a cliente	Fallo de proveedor Mala planificación	retraso de suministro a cliente 3	Transporte, comunicación entre compras y producción	no los hay para futuro 5?	no los hay		1	120	120	Control estadístico de entradas a tiempo, discusiones con proveedor

Propuesta de soluciones.

Una vez definidos, analizados y priorizados los desperdicios, el Equipo Kaizen comienza a aportar soluciones que solventen las causas de esos desperdicios. La lista de posibles soluciones da lugar a una lista de Planes de Acción que se considerarán y priorizarán en función de:

• Plazo de ejecución: Corto plazo (3 a 6 meses), Medio plazo (6 meses a un año) y Largo plazo (más de un año).

• Coste o inversión que supongan

- Grado de dificultad para llevaros a cabo.

- Resultados esperados y unidad de medida de dichos resultados (unidades monetarias, % de mejora de eficiencia, reducción de incidencias, etc.).

Cada acción tendrá asignado un responsable de su ejecución, un objetivo conocido y uno o varios indicadores que permitan medir las mejoras alcanzadas, así como un calendario de revisión de resultados.

Acción	Objetivo	Indicador	Respb
Realizar un listado por departamento con los problemas de Oracle. Formación.	Agilizar el sistema y evitar descuadres.	Número de quejas de los departamentos.	Equipo Kaizen
Clasificar los componentes de las estructuras en ABC establecer un stock de seguridad para los componentes críticos.	Que no se produzcan retrasos en la producción ni roturas de stock.	Número de veces y causas por las que se retrasa la producción.	M*José
Comunicar las incidencias a tiempo y mejorar la planificación del material. Ajustar la capacidad de planificación al rendimiento real de la fábrica y valorar las urgencias reales.	Reducir las urgencias.	Número de veces que se produce rotura de stock y no entregas a tiempo al cliente.	Miguel
Análisis proveedores	Conocer el compromiso de los proveedores y su fiabilidad.	-Nº de entregas a tiempo. - Calidad del producto. - Precio. Distancia.	M*José
Procedimientos de: - Aprobación para los transportes especiales. - Fin de serie y cambios masivos - Gestión de kits en modelos nuevos. - Dar plazo a las viabilidades. - Gestión mail.	Crear una forma de trabajo estandarizada y saber como actuar en cada caso.	Comprobar que se cumplen los procedimientos.	M*Trini
Realizar un análisis de lo obsoleto.	Disminuir inventario.	Número de rotaciones.	Juan Lorenzo
Cuadro de mando de logística.	Mayor control de la logística.	Comprobar que se cumplen los indicadores del cuadro de mando.	Juan/Marcos

Deberemos tener en cuenta para el plan de acción la Implementación de "Puntos de Control del Proceso" tales como documentación, protocolos, procedimientos, etc.

42

Determinación de objetivos del proyecto TQM

El último paso de cada proyecto es la definición del informe A3 y la lista de indicadores que medirán cada acción de mejora y que juntos conformarán el cuadro de mando de dicho proyecto. De estos cuadros de mando, los indicadores más importantes pasarán a formar parte del Cuadro de Mando Integral de Dirección.

Como paso previo a la puesta en marcha de las acciones propuestas por los Equipos Kaizen, éstas serán presentadas a los responsables para su aprobación.

Proyecto Kaizen de 5S de Organización y Limpieza

Introducción.

Tras una breve introducción sobre los principios del Lean Management, cuya duración variará en función del nivel previo de conocimiento de los miembros de los Equipos Kaizen, se llevará a cabo la formación específica en proyectos de 5S.

Consiste en la implementación de los 5 conceptos básicos para producir bienes y servicios de calidad en un ambiente agradable de trabajo.

El propósito principal de esta metodología es lograr un ambiente de trabajo limpio y organizado, donde cada miembro de la organización desarrolle hábitos como:

• El hábito de simplificar.

• El hábito de la autodisciplina.

Identificación.

En los Equipos Kaizen se enseñará a identificar los procedimientos a seguir para desarrollar las 5S en el área a implementar y los procedimientos para su correcto mantenimiento.

Para la correcta evolución del proyecto se realizarán inspecciones de la zona dónde se va a aplicar el sistema 5S y se realizarán fotografías del estado actual para conseguir la implantación total del programa siguiendo los siguientes pasos (5S):

Separar (Seiri):

•   Distinguir entre artículos necesarios e innecesarios.

•   Utilización de tarjetas rojas para artículos innecesarios y habilitar un lugar donde almacenarlos temporalmente.

Organizar (Seiton):

•   Un sitio para cada cosa y cada cosa en su lugar.

•   Crear espacios dedicados para artículos concretos.

•   Utilización de Gestión Visual para mantenimiento de ese orden.

Limpiar (Seiso):

•   Creación de protocolos de limpieza en distintos niveles.

•   Diferenciar entre limpieza general, limpieza como inspección y limpieza como mantenimiento.

Estandarizar (Seiketsu).

•   Mantener de forma constante las tres primeras S.

Autodisciplina (Shitsuke).

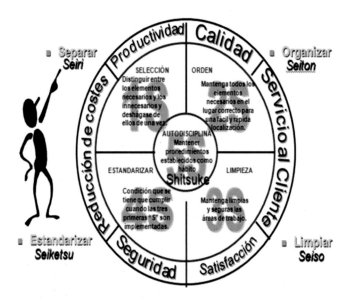

Identificación de problemas.

Una vez se ha realizada la visita a planta, se realizará una tormenta de problemas y se determinarán las causas principales que originan cada problema mediante un Diagrama de Isikawa.

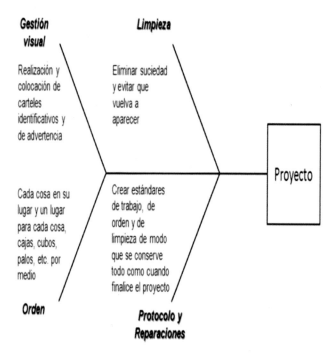

Propuesta de soluciones.

Una vez terminada la definición de problemas anterior, el Equipo Kaizen llevará a cabo la

47

organización y priorización de soluciones, clasificando estos en las distintas S.

La lista de posibles soluciones da lugar a una lista de Planes de Acción que se considerarán y priorizarán en función de:

•	Plazo de ejecución: Corto plazo (3 a 6 meses), Medio plazo (6 meses a un año) y Largo plazo (más de un año).

•	Coste o inversión que supongan

•	Grado de dificultad para llevaros a cabo.

•	Resultados esperados y unidad de medida de dichos resultados (unidades monetarias, % de mejora de eficiencia, reducción de incidencias, etc.).

Cada acción tendrá asignado un responsable de su ejecución, un objetivo conocido y uno o varios indicadores que permitan medir las mejoras alcanzadas, así como un calendario de revisión de resultados.

Acción	Objetivo	Indicador	Respb
Realizar un listado por departamento con los problemas de Oracle. Formación.	Agilizar el sistema y evitar descuadres.	Número de quejas de los departamentos.	Equipo Kaizen
Clasificar los componentes de las estructuras en ABC establecer un stock de seguridad para los componentes críticos.	Que no se produzcan retrasos en la producción ni roturas de stock.	Número de veces y causas por las que se retrasa la producción.	Mª José
Comunicar las incidencias a tiempo y mejorar la planificación del material. Ajustar la capacidad de planificación al rendimiento real de la fábrica y valorar las urgencias reales.	Reducir las urgencias.	Número de veces que se produce rotura de stock y no entregas a tiempo al cliente.	Miguel
Análisis proveedores	Conocer el compromiso de los proveedores y su fiabilidad.	-Nº de entregas a tiempo. - Calidad del producto. - Precio. Distancia.	Mª José
Procedimientos de: - Aprobación para los transportes especiales. - Fin de serie y cambios masivos. - Gestión de kits en modelos nuevos. - Dar plazo a las viabilidades. - Gestión mail.	Crear una forma de trabajo estandarizada y saber como actuar en cada caso.	Comprobar que se cumplen los procedimientos.	Mª Trini
Realizar un análisis de lo obsoleto.	Disminuir inventario.	Número de rotaciones.	Juan Lorenzo
Cuadro de mando de logística.	Mayor control de la logística.	Comprobar que se cumplen los indicadores del cuadro de mando.	Juani/Marcos

Se llevará a cabo la organización de los archivos y documentos relacionados con el Proyecto, con la siguiente estructura:

49

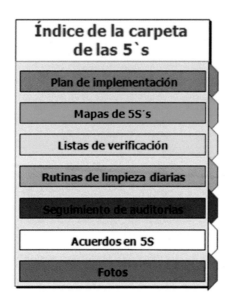

Índice de la carpeta de las 5`s

- Plan de implementación
- Mapas de 5S´s
- Listas de verificación
- Rutinas de limpieza diarias
- Seguimiento de auditorías
- Acuerdos en 5S
- Fotos

Determinación de objetivos.

El último paso de cada proyecto es la definición del informe A3 y la lista de indicadores que medirán cada acción de mejora y que juntos conformarán el cuadro de mando de dicho proyecto. De estos cuadros de mando, los indicadores más importantes pasarán a formar parte del Cuadro de Mando Integral de Dirección.

Proyecto 5S

Mayo – Junio 2011

1) Antecedentes del Proyecto

No existen estándares de limpieza. Falta identificación de las zonas, maquinaria, vías de evacuación, etc.
Tampoco existe planos de localización y es una zona complicada de movimiento.

2) Condición inicial

La zona presenta deficiencias en:

-Gestión Visual.
-Estándares de trabajo.
-Orden y Limpieza.
-Malos accesos a distintas zonas.
-Elementos sin ubicación establecida.

3) Objetivos de la mejora

1. Mejora del índice de OEE en la planta de envasado.
2. Mejora de organización de planta
3. Mejora del Orden, Limpieza y Gestión Visual.

4) Cronograma de implementación

Corto plazo
- Mejora de la limpieza y el orden de la zona, definir necesidades.

Medio plazo
- Protocolos de la zona realizados, estandarización de trabajos.
- Mejora de identificación, orden, etc.

Largo plazo
Reparación de toda la zona, revisión y mejora.

5) Indicadores clave – (CMI)

Tiempo utilizado en limpieza, mejora de la gestión visual en la zona, mejora del orden y la limpieza.

Medición de resultados y corrección de desviaciones.

Las mediciones de este proyecto estarán relacionadas con el grado de Implantación de las 5S en el área seleccionada, así como los resultados de las auditorías definidas. Se definirán indicadores de avance que formarán parte del Cuadro de Mando Integral de Dirección.

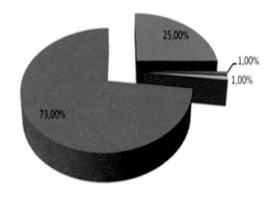

■ Protocolos Hechos ■ Protocolos Implantados ▥ Auditorías ■ Falta

Kaizen de SMED o Cambios de Formato Rápidos

SMED es Una filosofía de fabricación que logra tener plazos cortos de entrega para ofrecer alta calidad y productos de bajo coste mediante la eliminación de desperdicios en el proceso de fabricación.

Un sistema integrado que proporciona un valor para el cliente y el respeto a los trabajadores.

Un sistema de producción flexible que es capaz de producir variedad de productos en las cantidades exactas, en el momento exacto, como es requerido por el cliente

• El tiempo total necesario para cambiar las herramientas de producción.

• El tiempo total transcurrido desde la última pieza producida en la tarea actual, hasta la primera pieza aceptable del nuevo trabajo.

SMED se refiere a una teoría y un conjunto de técnicas para realizar operaciones de configuración en menos de diez minutos, es decir, en un número de minutos que se expresa en un solo dígito.

Son necesarios ajustes frecuentes para producir una variedad de productos en pequeños lotes.

Definición: El cambio en un proceso para producir un producto diferente de la manera más eficiente.

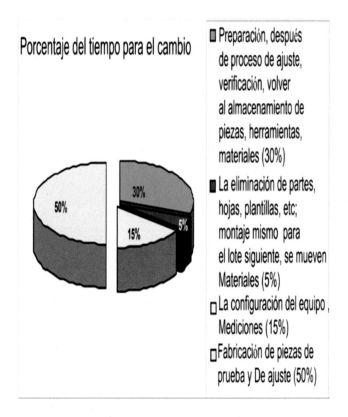

Porcentaje del tiempo para el cambio

- Preparación, después de proceso de ajuste, verificación, volver al almacenamiento de piezas, herramientas, materiales (30%)
- La eliminación de partes, hojas, plantillas, etc; montaje mismo para el lote siguiente, se mueven Materiales (5%)
- La configuración del equipo , Mediciones (15%)
- Fabricación de piezas de prueba y De ajuste (50%)

Beneficios de SMED

• Lean Manufacturing es posible

• Las tasas de trabajo de la máquina mejoran y amplía la capacidad productiva

• Errores de configuración desaparecen y disminuye el número de productos defectuosos

• Mejora la calidad del producto

• Seguridad de las operaciones son posibles

• Herramienta de gestión de mejora

El tiempo de instalación total se reduce

• Los cambios rápidos pueden lograrse a un costo más bajo

• Los trabajadores ya no se resienten de los cambios de planificación

• La necesidad de conocimientos especiales se elimina

• Los tiempos de producción se puede reducir

55

- Los cambios en la demanda se pueden responder de forma rápida

El "imposible" se hace posible

- Una revolución en los métodos de producción

Funciones básicas de una operación de cambio – PRLA

- **P (Preparación)**

- **R (Reposición)**

- **L (Localización)**

- **A (Ajustes)**

Preparación

- Preparación y control de materiales son las acciones realizadas para apoyar el proceso de cambio. El "hacer" y "deshacer " actividades.

• Esta actividad se asegura de que todas las partes, herramientas y troqueles están donde deben estar antes y después de un cambio de producción.

• Esto incluye tanto el transporte como el almacenamiento de estos artículos.

• La calidad de los materiales y herramientas a utilizar debe ser verificada.

Reposición

Incluye el montaje, sustitución, protección, etc. y la eliminación de moldes, herramientas, cuchillas, tras la finalización del proceso y la fijación de las piezas y herramientas necesarias para realizar el siguiente trabajo.

Localización

• Localización se refiere a las mediciones, los ajustes y calibraciones que se deben realizar a fin de completar con éxito una operación de producción.

Estas actividades incluyen:

• Centrado

• Alineación

- Dimensionamiento

Ajuste de la temperatura y la presión

Ajustes

- Las ejecuciones de prueba y ajustes son acciones repetidas con el fin de lograr el ajuste correcto de la máquina para hacer una parte aceptable (a veces llamada la configuración de prueba y error)

- Una de las mayores dificultades en un cambio puede ser el proceso de ajuste. La frecuencia y duración de las pruebas de funcionamiento y ajuste, necesario o innecesario, depende de la planificación previa y la precisión de los pasos anteriores.

Utilice listas de control y hojas de trabajo para ayudar a facilitar la transición.

- Siga los pasos previstos para completar la configuración / cambio.

Haga una lista de todos los elementos necesarios para realizar el cambio:

Moldes / troqueles, herramientas, accesorios, materiales y medidores.

Incluye números de artículos, sitios de almacenamiento y número /cantidad necesaria.

Instrucciones para los cambios de formato

Describir todos los pasos en el proceso de cambio, incluyendo:

• Definir las debidas presiones, temperaturas, velocidades, alimentación y otros ajustes.

• Proporcionar los valores numéricos de todas las medidas y dimensiones.

• Identificar las herramientas específicas, medidores, accesorios y materiales necesarios para cada paso.

Nota: Utilice su lista de comprobación para ayudar en el desarrollo de las instrucciones.

• Describir todos los pasos en el proceso de cambio, incluyendo:

• Definir las debidas presiones, temperaturas, velocidades, alimentación y otros ajustes.

• Proporcionar los valores numéricos de todas las medidas y dimensiones.

- Identificar las herramientas específicas, medidores, accesorios y materiales necesarios para cada paso.

Kaizen de TPM o Mantenimiento Productivo Total

TPM es uno de los tres pilares de la fabricación Lean. Está previsto para asegurar:

La persona adecuada en el momento preciso con las herramientas idóneas y diagramas o esquemas para asegurar que el equipo es capaz de llevar a cabo su cometido en un tiempo correcto.

TPM es un proceso, no una meta

El Mantenimiento Productivo Total es un sistema de mantenimiento que mejora eficazmente la fiabilidad del equipo, concentrándose en la eliminación o reducción de las Seis Grandes Pérdidas de la eficiencia del equipo y de ese modo incrementando la productividad y la calidad de los productos.

Esta innovación consiste en establecer paso a paso un programa de mejoras e involucrando activamente a todos los empleados en los equipos de mantenimiento.

La meta del TPM es:

Cero Tiempos Muertos

Cero Defectos

61

Cero Accidentes

Las Seis grandes pérdidas son

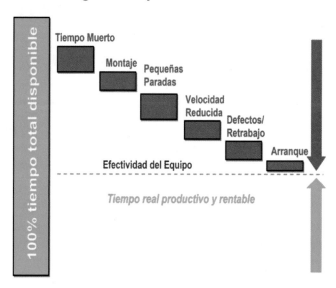

Tiempo Muerto/Disponibilidad

–   Tiempo Muerto debido a fallos en el equipo.

–   Montaje y ajustes

Velocidad/Rendimiento

–   Paradas y pequeñas paradas

62

–   Velocidad Reducida

Defectos/Aceptación de Calidad

–   Defectos en el proceso y retrabajos.

–   Reducción del rendimiento de la maquinaria durante el arranque.

Efectividad Total del Equipo (OEE) es el punto de partida de la medida para determinar el detalle de nivel y todas las oportunidades para mejorar la disponibilidad del equipo.

OEE es calculado por una combinación de disponibilidad y rendimiento de cada una de las partes del equipo.

OEE mide la eficiencia del equipo durante el tiempo de carga. (El tiempo muerto planeado no afecta a la figura del OEE.)

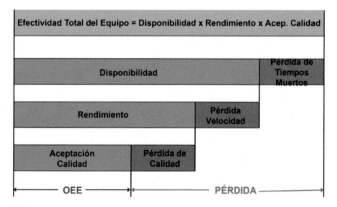

63

Efectividad Total del Equipo = Disponibilidad x Rendimiento x Acept. Calidad

Disponibilidad = $\frac{\text{tiempo disponible de producción} - \text{t muerto no planeado}}{\text{tiempo disponible para producción}}$

Rendimiento = $\frac{\text{tiempo ideal ciclo x número de partes producidas}}{\text{tiempo operativo planeado}}$

Aceptación Calidad = $\frac{\text{número total de partes producidas} - \text{N}^{\circ} \text{ defectos}}{\text{número total de partes producidas}}$

¿Cúal es el típico valor de OEE para la típica empresa de fabricación?

El rango de OEE para una típica compañía de producción oscila entre un 20% y un 60%. Esto significa que el equipo debe trabajar de 3 a 5 días para conseguir un día completo de producción de calidad.

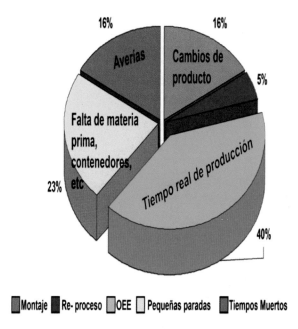

16% | 16%

Averias | Cambios de producto | 5%

Falta de materia prima, contenedores, etc

23%

Tiempo real de producción

40%

■Montaje ■Re- proceso □OEE □Pequeñas paradas ■Tiempos Muertos

Para una Empresa de Clase Mundial el rango típico de OEE está entre el 85% y el 95%. Una compañía de clase mundial, por tanto, disfruta de un 100% de ventaja de productividad sobre la típica empresa de fabricación.

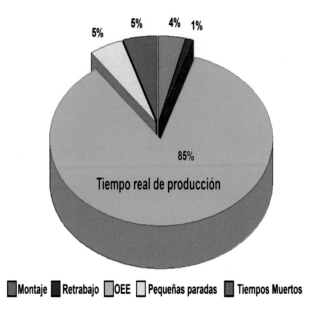

5% | 5% | 4% | 1%

85%

Tiempo real de producción

■Montaje ■Retrabajo □OEE □Pequeñas paradas ■Tiempos Muertos

TPM Cambiando la manera de pensar de las personas

Existe una creencia generalizada de que todo el equipo se romperá al final.

Fabricación Tradicional: "Compramos máquinas, las utilizamos y se rompen".

Fabricación de Clase mundial: "Producimos productos de alta calidad y bajo coste para nuestros clientes cuando ellos los necesitan. ¡NUESTRO EQUIPO NO PUEDE ESTAR ROTO NUNCA!"

66

La clave del éxito de la implementación del Plan de Mantenimiento Total es cambiar la manera de pensar de las personas sobre las actividades de mantenimiento:

Mantenimiento Tradicional	Mantenimiento Productivo Total
• Estructura Departamentalizada • Personal para tareas específicas • Reactivos a las roturas • El equipo es responsabilidad del departamento de mantenimiento. • Si se usa se rompe	• Equipo Productivo • Personal para Multitareas • Mantenimiento Preventivo y predictivo planificado • Cada persona es responsable del equipo. • Importancia Vital, nunca se debe de romper cuando debe producir

Es muy importante medir mensualmente el cumplimiento de todo el mantenimiento de equipo, así como el tiempo muerto total, siempre debemos ver que el cumplimiento va en ascenso y el tiempo muerto en descenso.

Los 5 pasos del TPM

67

| Mejora Efectividad Equipos |
| Mantenimiento Autónomo |
| Mantenimiento Planificado/Preventivo |
| Entrenamiento Equipos de Operaciones y Mantenimiento |
| Programa Mantenimiento Anticipado para nueva Planta/Equipo |

Para lograr la mejora de la efectividad de los equipos, debemos entrenar tanto al personal operativo, así como el personal de mantenimiento en estas tareas, desde el proceso de contratación y entrenamiento y antes de entrar a trabajar en el área de producción.

68

Kaizen de Implementación de Kanban

Una de las empresas más conocidas y exitosas a nivel mundial, y que en mi opinión entendimos el significado de Kanban. Cada fin de mes, muchos suministros de producción escaseaban de forma alarmante, causando muchos problemas y algunas veces deteniendo la producción y creando canibalismo de manufactura donde algunos empleados se daban a la tarea de ir a otros departamentos a buscar remaches o tornillos y tuercas, las nuevas remesas serian entregadas por los proveedores, pero solo al principio de mes. Esto era solo una señal de los grandes problemas que se tenían debido a la gran cantidad de inventarios que en esa planta de Boeing 737 se manejaban, había un poco más de $800 M de dólares de inventario.

La meta fue con la implementación de Lean Sigma lograr mejorar la productividad y la eficiencia total, para reducir el tiempo de ensamblado final de un Boeing 737 de 15 a 3 días, una tarea que parecía imposible de lograr. Después del entrenamiento de Lean Sigma, se programó Kaizen de mejora de Suministros de Producción.

Análisis inicial del proceso 1996
Incluyendo cadena de abastecimiento y
problemas de calidad
VSM Actual B737,
1999 montaje tradicional
(Real 15 días)

Planta de Montaje Final B737,
Renton, Washington.
1996
Planificación de producción al 95%
Capacidad - 2 aviones al mes

Planta de montaje final del avión Boeing 737
en Renton, Washington

Uso de tácticas y herramientas Lean
para pasar de una línea de
montaje tradicional estática
a una línea de montaje en movimiento

Cambio total del procedimiento de compras
de procurement a reposición de Kanban

Reducción del tiempo de entrega
de 8-15 días a 3 días y finalmente 1 dia

De calidad ISO a calidad Seis Sigma

70

Problemas de planificacion tradicional de produccion

Materia Prima y sub ensambles con defectos

Errores de inventario en el Sistema

Equipo disponible / personal disponible y entrenado

Tiempo y cantidad de cambios de formato

Entregas tarde de Materia prima, canibalismo de manufactura

Errores informaticos MRP, CRP, etc.

Scrap rates de produccion / Desperdicios del proceso

Cuellos de botella en produccion

Multiples quejas de los centros de distribucion

Exceso de algunos productos, faltantes de otros productos

Codigos de barras ilegibles a distancia

Produccion y envios urgentes

Los suministros de producción se planificaron con Kanban de 3 a 5 días en su mayoría, y los proveedores los deberían entregar directamente al piso de producción en estanterías ya preparadas para dicho Kanban, los materiales deberían estar a solo unos pasos del lugar de trabajo de los operarios y se suprimió la necesidad de hacer un largo viaje al almacén para pedir los suministros necesarios.

71

¡Los pasos de esta transformación fueron establecidos y la cadena de suministro en su totalidad poco a poco a través de varios años de mejora, Boeing logro, no solo hacer una mejora impresionante de 15 días de ensamble a 3 días, sino que al final con la línea de ensamble en movimiento logro ser un gran ejemplo para toda la industria americana!

1. Value Stream Mapping actual y análisis sistemático (VSM).

2. Balanceo de cargas de trabajo, mejora del flujo basado en el takt time

3. Estandarizar los pasos del proceso.

4. Utilizar una gestión visual informatizada en tiempo real

5. Utilización de kanban en los puntos de utilización (con base a los PRONOSTICOS)

   Diseño y preparación de kits, traslado a punto de utilización.

   Diseño y reposición de suministros de producción.

6. Establecer una cadena de abastecimiento con todos los proveedores.

   Calidad de seis sigma de entrada, bancos de prueba (Six Sigma?)

7. Re diseño de ingeniería fuera de los límites conocidos.

   Rompe los moldes mas conocidos o líneas principales.

8. Lograr una transformación total al flujo continuo de una pieza.

Para el punto 6, también se planifico la cadena de abastecimiento de subensambles con todos los proveedores.

Mejoras Lean en la División de Fabricación (Producción en Línea)

Proyectos con Sistemas de Propulsión (Rolls Royce, Indianápolis)

Proyectos con Fabricación de Alas (Toronto)

Proyectos con Aircraft Systems e Interiores

Mejoras con Tren de Aterrizaje

Certificación de Fuselajes

Mejoras con los Sistemas de Control de Vuelo

Mejoras en Cadena de Abastecimiento y Compras (Pronósticos)

También nos tocó la oportunidad de trabajar con Rolls Royce en Indianápolis logrando grandes mejoras en los plazos de entregas de turbinas, trabajando con la turbina AE3007, así como con muchas otras empresas en la cadena de suministro.

73

Cambio total del procedimiento de Compras
A PROCUREMENT
Reposición de Kanban

Diseño preliminar del VSM Futuro,
Montaje B737 Lean Six Sigma
Tiempo de entrega, 3 días a 1 dia

Planta de Renton, línea en
movimiento
2004
Detalle del diseño de
ingeniería del ensamble
final (FAL)
Capacidad 20 aviones al mes

Kanban es un Sistema de planificación de inventario para reducir costes de inventario. El proceso de hacer movimientos de inventario solo cuando absolutamente necesario es llamado Sistema "Pull". Contrario con el Sistema de planificación tradicional que es llamado Sistema "Push".

Reglas de planificación de Kanban (señal):

•	Limita inventario en Proceso

•	Controla el flujo continuo

•	Reglas de seguimiento explicitas y fáciles de controlar

•	Feedback loops

•	Mejora / evoluciona

Visualiza cada paso (Visual y fácil de entender)

En otra gran empresa americana, Avery Dennison, los logros de la implementación de Kanban en productos de oficina fueron excepcionales.

El área de producción está totalmente cambiada en células de producción continua, o una línea completa en secuencia de pasos o en movimiento. Compras y Pronostico dan seguimiento a la Materia Prima necesaria para enfrentar la demanda.

Los Centros de Distribución están ya conectados en directo con el área de producción, y envían datos de Producto entregado diariamente, indicando la cantidad de producto actual en Kanban

Las células de producción solo deben producir las cantidades para reemplazar el producto que ha salido del Kanban del Centro de Distribución para mantener el Kanban

Los envíos son diarios y directos a los Centros de Distribución, ya no existe Stock de producto terminado en manufactura o almacén.

En nuestro ejemplo, el área de manufactura es ahora 12 células de producción continua, y la planeación de la producción es diaria y directa desde los centros de distribución.

Planificación de la producción con Lean Sigma

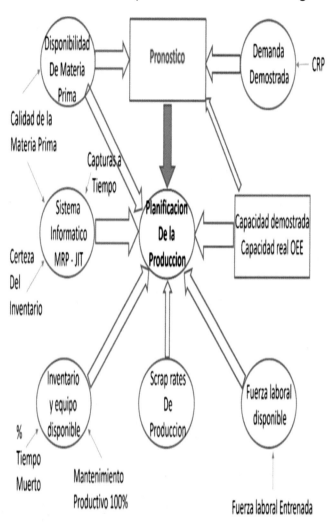

A continuación, mostramos un ejemplo del Plan Integral de Mejora, del Supermercado de Producción.

1. Pronósticos y planeación de la demanda

2. Planificación de la producción

3. Evaluación de Riesgos por parte de Dirección

4. Producción Lean Basada en la demanda

5. Mejora de diseño de Ingeniería e imputación de costes

6. Gestión de la cadena de Suministros

7. Aprovisionamiento y Gestión de Stocks

8. Logística Interna y Gestión de Almacén

Kanban en la entrada de Materiales a producción, Kanban en Logística de salida de Producción, y Kanban en los centros de Distribución.

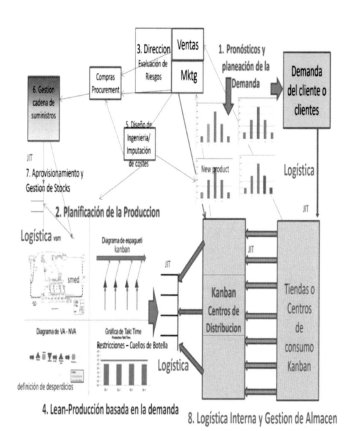

PASOS PARA SEGUIR EN UN PROYECTO LEAN

Antes de Empezar se deberá tener hecho:

- Tener claro el personal que va a asistir y el cargo que ocupa en la Empresa.

- Tener preparado el Master de la Presentación del Proyecto.

- Preparados los Diplomas del proyecto Kaizen (a rellenar e imprimir después)

- Tener claro los documentos que se van a utilizar (hojas de desperdicios, de observaciones en planta, etc.), impresas y dentro de la carpeta del proyecto.

- Tener preparada la presentación y la Simulación (especificado a posteriori).

Proyecto Lean

- PRESENTACIÓN LEAN ESPECÍFICA

o Personalizar la presentación con fotos de la empresa o el sector y adecuar los cuadros de texto.

SIMULACIÓN LEAN (LEGO, BARQUITOS, CERVEZA, UNIVERSIDAD)

80

o   Personalizar la simulación a su proceso productivo (si es posible)

o   Antes de ir a hacer la simulación tener claros los puestos y el personal del proyecto destinado a cada uno de ellos.

o   Tener preparadas la hoja de Evaluación de la Simulación.

o   Repartir entre el personal de entrenamiento que vaya a la simulación las distintas responsabilidades

o   Elección del proceso, trazado del VSM del proceso específico a mejorar

ENTRENAMIENTO DE EQUIPOS DE TRABAJO

o   Comunicación y focalización de objetivos

o   Análisis de resistencias

o   Roles de equipo

o   Trabajo cooperativo y proyección de la visión

o   Líderes de equipos de trabajo

o   Visita de observación con la lista de los desperdicios

TORMENTA DE IDEAS DE PROBLEMAS

o   Preparar Brown Paper. Antes de ir a la empresa tener cortado el trozo de papel y dibujado en él el diagrama de pescado.

o   Preparar Post it, anotar y colgar en su lugar dentro del VSM

o   Ir introduciendo los problemas en la presentación del Proyecto.

o   Priorizar Problemas ***, ** y *. Definidos: *** Paran la producción directamente, ** Paran la producción indirectamente, *No paran la producción.

o   Preparar Diagrama de Dispersión.

☐

TORMENTA DE IDEAS DE SOLUCIONES

o   A partir de los problemas desarrollar las posibles soluciones. Numerar los posts it con el número de problema para identificarlo mejor
82

a la hora de escribir las soluciones en el ordenador. Agrupar Soluciones.

o   Una vez terminados, escribir en una hoja de Excel las soluciones y clasificarlas en Tiempo y Dificultad y asignar responsables. Se Priorizarán 3, 2 y 1. Dificultad de mayor a menor y Tiempo: 1 Corto Plazo (1 a 3 meses), 2 Medio Plazo (de 3 a 6 meses), 3 Largo Plazo (+ de 6 meses). Elaborar VSM Futuro con las mejoras

PLANES DE ACCIÓN

o   Desarrollar, como mucho, 4 o 5 planes de Acción de CP, MP y LP.

o   Test de personalidad

o   Asignar responsabilidades en los planes de acción de acuerdo a la personalidad

o   Desarrollo del informe A3

☐   Antecedentes del proyecto

☐   Condición inicial (baseline del proyecto)

☐   Objetivos de Mejora (Definidos por dirección) los equipos no pueden definir objetivos de mejora hasta que no lograr convertirse en Equipos de Alto Rendimiento o HPWT)

☐ Cronograma de Implementación del proyecto. (Solo las acciones aprobadas por dirección, con fecha y responsable) Cronograma de seguimientos.

☐ Definición de Indicadores Clave del proyecto (Cuadro de Mando del Proyecto) Responsable. Cronograma de revisión, definición de acciones correctivas, medición de resultados.

PRESENTACIÓN FINAL

o Aprobación de dirección de las acciones dentro del plan de acción

o Plan a Corto Plazo de 0 a 3 meses

o Plan a Medio Plazo de 3 a 6 meses

o Plan a Largo Plazo, más de 6 meses

o Cierre de la fase inicial del proyecto (40 horas)

SEGUIMIENTOS DEL PROYECTO

o Semanal, bisemanal, mensual

84

o   Revisiones de acciones, indicadores y resultados

CONCLUSIÓN Y CIERRE DE PROYECTO

o   Fecha de revisión final

o   Revisión de objetivos

o   Revisión de resultados

o   Cierre de la fase final del proyecto (20 horas)

o   Firma de cierre de proyecto

Capítulo 2

Lean Sigma Fase II: (Proyectos de Liderazgo y Six Sigma)

1.   Formación de Liderazgo y Planificación Estratégica

2.   Formación de Seis Sigma Green Belt (Preparación para certificación)

3.   Formación de Seis Sigma Black Belt (Preparación para certificación)

SPACE FLIGHT AWARENESS TEAM AWARD

ATLANTIS

Juan Rodriguez

Boeing – El Paso International Space Station
Quality Assurance Team

Formación de Liderazgo y Planificación Estratégica

¿Qué causo el Colapso de Pittsburgh Steel Corp, una de las más importantes empresas en los Estados Unidos en el siglo 20?

Entre 1981 y 1986, 150,000 trabajadores de Pittsburgh Steel Corporation perdieron su trabajo en Pittsburgh, Estados Unidos. La causa fue un cambio total de paradigma de como producir Varilla de Acero.

En esas fechas, yo ya hacia mis primeros trabajos como experto en la filosofía de Toyota Production System, y una pequeña empresa en New Mexico, muy cerca de El Paso Texas, me contrato para hacer un proyecto de mejora para reducción de costes. El coste inicial de la varilla corrugada de acero, rondaba los $170 la tonelada, la competencia era muy fuerte pues Pittsburgh Steel y otras compañías ya ofrecían la tonelada de varilla de acero en $140. Gracias a mis proyectos de mejoras de mantenimiento en Altos hornos, asi como el cortado y la mesa caliente del producto final, pudimos bajar el coste un poco debajo de $140, fue un buen proyecto de mejora.

Dos o tres años más tarde, supimos del colapso de Pittsburg Steel, así como otras empresas de producción de acero en los Estados Unidos, ¿la razón? Nippon Steel Corporation ya estaba ofreciendo la tonelada de varilla de construcción de acero a solo $70!! Yo ya tenía algunos amigos japoneses que me ayudaban en mis primeros proyectos, y su respuesta fue, tienes que aprender a pensar fuera de la caja, ¡o fuera de tus paradigmas de producción!

Los japoneses diseñaron barcos como refinerías de acero flotantes, compraban la pirita de acero en Venezuela, la procesaban en el trayecto, y cuando llegaban a puerto para hacer entrega de pedidos, la varilla y otros materiales ya estaban listos para su entrega, todo a un coste menor de $70 la tonelada, dejando un margen a la empresa.

Me indicaron si yo había visto ya como el mercado americano prefería comparar un vehículo Toyota a un Ford o Chevrolet, y mi respuesta fue sí. La razón era simple, un vehículo sin fallos, excelente calidad, y 5 años de garantía total en partes y mano de obra, contra un vehículo americano, con algunos problemas de calidad y una garantía de solo 1 ano, eso provoco el gran cambio en el mercado americano, todo producido con el Toyota Production System.

Estábamos en la gran Recesión americana de los 80s, y el presidente Ronald Reagan pregunto a su equipo de asesores que estaba pasando y que deberían hacer. La respuesta fue, un americano, Dr. Edwards Deming, Doctorado en Calidad y Estadística estaba entrenando a los japoneses desde algunos años después de la segunda guerra mundial.

90

El Dr. Deming y la Dra. Nancy Mann, también experta en Estadística y coordinadora de sus entrenamientos fueron invitados a hablar con el presidente Reagan y sus asesores para ofrecer su entrenamiento en los Estados Unidos. El Dr. Deming pidió que solo se ofreciera a los directivos con poder de decisión, la Dra. Nancy Mann pidió distribuir los entrenamientos en norte, sur y Oeste de los Estados Unidos. Así se decidió que, a fines de los 80s, la Dra. Nancy Mann coordinaría las conferencias y entrenamientos en Boston, Houston, y Los Angeles California, con el Dr. Deming como entrenador principal. Yo estuve presente en 1989 en Houston junto con Gil Amelio, CEO de Rockwell Collins, Military Systems Division, y tuve la gran oportunidad de cenar dos veces con el Dr. Deming y la Dra. Nancy Mann.

El coste de este entrenamiento por persona fue de $8,000 sin contar gastos de viaje, estancias y comidas. Éramos 500 personas en cada una de las tres conferencias.

La Dra. Nancy Mann, muy consciente del pensamiento americano, invito también a Joel Barker, que nos impartió su entrenamiento de The Power of Vision por las tardes después de las conferencias del Dr. Deming.

91

¿Tienes una visión corporativa? Si es así, ¿todos lo entienden? Y, ¿inspirará y empujará a su equipo a nuevas alturas? En "El poder de la visión", el consultor empresarial Joel Barker destaca la importancia de tener una visión corporativa o de equipo que conduzca al éxito.

Ser un visionario positivo es imprescindible para el crecimiento de cualquier organización o industria. Ya sea educación, atención médica, gobierno o fines de lucro, la mejor manera de cambiar el futuro de la organización es cambiar la mentalidad y la visión de quienes trabajan en ella y para ella.

Joel Barker comparte la historia de muchos que han superado el poder de la visión. Desde un prisionero que sobrevive a un campo de concentración hasta niños desfavorecidos que han ido a la universidad; todos tienen el poder de la visión en común.

Los líderes de su empresa entenderán:

Cómo la visión facilita la dirección y la toma de decisiones.

Cómo las visiones deben motivar a todo el equipo.

Cómo usar la visión para desafiar a cada miembro.

92

Liderazgo y Dirección

Objetivo del Modulo

1.   Entender el liderazgo y la dirección como una habilidad

2.   Definir Liderazgo y Dirección

3.   Entender la evolución de Dirección

4.   Entender los cinco principios

5.   Definir nuestros valores

¿Un líder, nace o se hace?

El liderazgo, como la magia, son habilidades que se aprenden.

El Liderazgo es la capacidad de influir en las personas para, de buen grado. Seguir la dirección o aceptar las decisiones de alguien.

Las características esenciales del liderazgo son;

Visión

Comunicación

Integridad

93

Respeto por las personas

Mi propio conocimiento

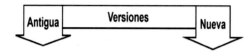

Antigua	Versiones	Nueva

- Dirección autoritaria
- Miedo a perder el trabajo
- Miedo al conocimiento
- Status quo
- Enfasis en los resultados

- Dirección participativa
- Trabajo seguro
- Discusión abierta
- Mejora continua
- Enfasis en la causa de raiz

Los cinco principios básicos de Liderazgo

1.   Enfoque en la situación, el problema o el comportamiento, no en la persona

a.   Toma una perspectiva amplia

b.   Distánciate y busca una visión amplia cuando analizas una situación, problema o comportamiento.

c.   Mantener una perspectiva objetiva.

d.   No deje que las diferencias personales le impidan tratar un problema. Céntrese en los hechos y base sus decisiones en la información - no en la personalidad.

e.   Considere otros puntos de vista.

f.   Pregúntese, ¿cómo vería un socio esta situación? ¿un cooperador? ¿Un cliente? ¿Un proveedor?

2.   Mantener la confianza de los demás

a.   Exprese y demuestre su confianza en los demás. Dé el refuerzo necesario para que ellos se sientan bien con ellos mismos.

b.   Reconozca sus logros.

c.   Reconozca el valor de ideas de las personas y sus experiencias. El reconocimiento refuerza el valor de sus contribuciones. Esto también los anima a contribuir más en el futuro.

d.   Anime a las personas a expresar sus ideas. Nos interesan sus conocimientos, lo que ellos tienen que decir. Escuche atentamente a sus ideas.

3. **Mantener las relaciones constructivas**

a. Utilice cada interacción como una oportunidad para construir relaciones.

b. Una sola interacción ahora puede afectar a cómo trabaja el personal con nosotros a largo plazo.

c. Reconozca problemas abierta y francamente.

d. Los problemas no se marcharán a no ser que los solucione. Cuando vea un problema, sea honesto con usted y con los demás.

e. Trate los conflictos conforme surjan.

f. No deje que los conflictos aumenten o se descontrolen. Busque formas para trabajar con aquellas personas con las que le resulte más difícil. Intente comprender que los motiva y que pasos puede tomar para reducir al mínimo la fricción.

g. Compartir información.

h.   Conversar sobre los cambios que afectan la organización.

i.   Compartir noticias sobre como el trabajo de su grupo afecta otras áreas.

4.   **Tomar iniciativas para hacer las cosas mejor**

a.   Busque ocasiones de mejora. Busque modos de mejorar los procesos de trabajo, para reducir el tiempo de ciclo y el coste.

b.   Permanecer informado. El cambio es una parte de la vida. Estando alerta de los cambios dentro y fuera de la empresa, te aseguras de no bajar la guardia.

c.   Tener el convencimiento de que hay una solución para cada problema. Usted y su grupo de trabajo son un recurso poderoso para hacer mejoras. Si un problema parece demasiado grande, busca formas de romperlo en partes más manejables.

d.   Planifica. El error de planificar es planificar mal.

5. Liderar con el ejemplo

a. Haga un seguimiento de sus compromisos. No asuma compromisos poco realistas. Asegúrese que logra lo que los otros esperan de usted.

b. Admita sus errores. Porque admitiendo sus errores, usted y los demás en el grupo pueden evitar repetirlos.

c. Anímese usted y los demás del grupo a intentar nuevos métodos para hacer cosas. Buscando ocasiones de mejora a menudo nos lleva a salir de nuestra zona de comodidad.

d. Para seguir con el cambio de la organización, usted y los demás del grupo deberían estar dispuestos a asumir riesgos y continuamente buscar modos de ampliar habilidades y conocimiento

Planificación Estratégica Lean Sigma

"Una de las formas de error Humano

más peligrosas

es

olvidar que estas intentando lograr."
-Paul Nitze

Cuando ya hemos llevado a cabo varios proyectos Kaizen, y si hemos hecho un informe A3 en cada proyecto, tendremos ya los KPI s o Indicadores de Proceso más importantes de cada proyecto, estos indicadores pasaran ser parte de nuestro plan estratégico en el cuadro de mando de la empresa, en mi experiencia, hay empresas que el plan estratégico solo va de 1 a 3 años, pero en empresas como Boeing, GE, NASA y algunas otras, el plan estratégico esta entre 10, 20 o 30 años.

El cuadro de mando integral es una herramienta de gestión que proporciona a los dueños de un proceso (stakeholders) una comprensible medida de cómo la organización está progresando hacia alcanzar sus objetivos estratégicos en la mejora de procesos.

Los objetivos de los equipos Kaizen deben estar ligados al cuadro de mando estratégico

99

de la organización para servir de mapa hacia la mejora del proceso.

El Cuadro de mando nos debe indicar;

Misión - Que hacemos

Visión- Que aspiramos a ser

Estrategias- Como conseguir nuestras metas

Medidas -Indicadores de nuestro progreso

¿Para que utilizamos el Cuadro de Mando?

•   Para alcanzar objetivos estratégicos

•   Para proporcionar calidad con los menos recursos posibles

•   Para eliminar esfuerzos que no generan valor añadido

•   Para adaptar las necesidades y expectativas de los clientes con la organización

•   Para hacer un seguimiento de los progresos

•   Para evaluar cambios en los procesos
100

- Para mejorar continuamente

- Para incrementar la responsabilidad

¿Cuáles son nuestras estrategias de Liderazgo?

Claro sentido de dirección:

- ¿Quién encabeza la dirección?

- Profundo entendimiento del modelo de negocio

- ¿Hace la organización todo lo que necesita hacer?

- Habilidad de centrarse y dar prioridad:

-Destacar el equilibrio entre el desarrollo a Largo plazo y y la presión operativa del Corto plazo.

- Agilidad: flexibilidad impulsada por el aprendizaje:

-Incorporación de nuevos conocimientos en la planificación de procesos estratégicos y operativos. (i.e. Sistema Lean para la mejora de procesos)

Desde su introducción han surgido dos distintas aplicaciones:

• Cuadro de Mando Estratégico (Alta dirección);

-Centrado en que esta la organización tratando de alcanzar

-Decidir que necesitas para su consecución

-Controlar aquello que se ha alcanzado

• Cuadro de Mando Operativo (Equipos Kaizen):

-Identificar los procesos más importantes para ser supervisados

-Definir aspectos del proceso a supervisar

-Identificar cual se considera la mejor practica

Los 5 Principios del Cuadro de Mando

1. Traducir la estrategia a términos operativos

2.   Adaptar la organización a la estrategia

3.   Hacer que todo el personal sea parte de la estrategia

4.   Hacer de la estrategia un proceso continuo

5.   Movilizar el cambio a través del liderazgo ejecutivo

El Plan Estratégico nos sirve para;

☐   Probar y adaptar

☐   Diversas reacciones del personal

☐   Responder a los problemas de presupuesto

☐   Revisión de las misiones y objetivos

Veamos un ejemplo de un Cuadro de Mando con Plan Estratégico

CM de Aprovisionamientos y Gastos					2008							
	Enero	Feb	Mar	Abr	Mayo	Junio	Julio	Agosto	Sept	Octubre	Noviembre	Diciembre	
1.2 Ventas	1.747.484	1.918.314	1.550.838	1.584.982	1.376.708	1.367.666	1.500.000	1.224.546	1.846.789	1.578.932	1.678.943	1.432.567	18.678.326
1.3 Aprovisionamientos	921.485	1.385.814	1.059.712	732.821	632.230	648.974	486.754	435.672	489.818	432.567	378.956	356.879	11.876.287
1.5 Gastos personal	311.043	336.020	319.369	310.590	337.746	335.000	335.000	337.634	323.468	335.000	335.000	370.000	3.875.443
1.6 Amortizaciones	100.329	98.821	98.069	97.508	97.152	97.500	97.500	97.500	97.500	97.500	97.500	97.500	1.180.606
1.7 Otros gastos explot	149.949	220.002	208.325	225.520	186.999	221.000	157.282	172.500	140.823	212.381	181.577	193.078	2.377.908
2.0 Total Gastos	1.482.806	2.040.657	1.685.475	1.366.439	1.254.167	1.301.474	1.076.536	1.043.306	1.051.609	1.077.448	993.033	1.017.457	19.310.244
3.0 Ganancias o péntidas	264.678	-122.343	-134.637	218.543	122.541	66.192	423.464	181.240	795.180	501.484	685.910	415.110	3.417.362
% aprov/ venta	53%	72%	68%	45%	46%	47%	32%	36%	27%	27%	23%	25%	42%
% otros gastos/ venta	9%	11%	13%	14%	14%	16%	11%	14%	8%	13%	11%	13%	12%
1.4 Inventario Total	13.205.768	13.270.986	13.716.826	14.016.627	13.972.807	13.930.450	13.909.268	13.661.022	13.496.666	13.081.558	12.740.448	12.296.722	

Inventario Total

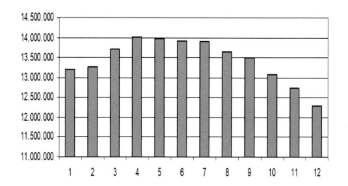

Objetivo de Inventario:

2009 = 9.000.000 o 6 Meses

104

2010= 6.000.000 o 4 Meses

2011= 3.000.000 o 2 Meses

12 meses inv. = 1 rotación

6 meses inv. = 2 rotaciones

Ejemplos de Cuadros de Mando de Equipos Kaizen

	Cuadro de Mando de Equipo Kaizen Operaciones o Producción												
	Enero	Feb	Mar	Abr	Mayo	Junio	Julio	Agosto	Sep	Oct	Nov	Dic	Total
9.1 Capacidad de Producción	8.000												
9.10 Previsión de producción	7.000												
9.2 Producción actual	6.300												
9.20 Eficiencia	90%												
9.3 Utilización	87.5%												
9.4 Horas de Mano de obra	8.000												
9.5 Horas extraordinarias	300												
9.6 Mermas de producción	9%												
9.7 Cambios de formato planificados	12												
9.71 Cambios de formato actuales	26												

	Cuadro de Mando de Equipo Kaizen de Mantenimiento												
	Enero	Feb	Mar	Abr	Mayo	Junio	Julio	Agosto	Sep	Oct	Nov	Dic	Total
7.0 Horas de capacidad	160												
7.1 Horas de tiempo muerto	40												
7.11 Tiempo muerto por averías	12												
7.12 Tiempo muerto por microparadas	10												
7.13 Tiempo muerto por cambios de formato	18												
7.2 Horas de mantenimiento preventivo planificado	0												
7.3 OEE	63%												

El núcleo de los equipos Kaizen debe;

•	Debe desarrollar borradores de la estrategia y del CMI

•	Debe trabajar con los empleados para desarrollar indicadores para apoyar los objetivos estratégicos

•	Trabajar con el Equipo de Liderazgo para planificar e implementar el CMI como lo hemos hecho en el hospital Virgen de la Arrixaca y el Sistema Murciano de Salud y muchas otras empresas a nivel internacional.

106

• Debe desarrollar un plan de trabajo para la mejora de los procesos acorde con el CMI estratégico

El diseño y aplicación de cualquier CMI tiene poco sentido si no utiliza para activar el cambio de comportamiento

-Nada se logra si todo el mundo continúa haciendo lo que siempre solía hacer

Para el máximo fruto el CMI debe usarse como el centro del sistema de gestión estratégica de la organización

-CMI apoyara el aseguramiento de la alineación de los objetivos estratégicos, iniciativas, personas, procesos y sistemas en el conjunto de la organización

Los individuos y equipos Kaizen deben:

-Estar comprometidos para que el proceso del cuadro de mando funcione en todos los niveles de la organización

-tiene que ser adquirido o aceptado por toda la organización (Alto y bajo rango)

-Mantener el compromiso es un trabajo a jornada completa (no se puede descuidar)

-Tratar de solucionar los problemas que aparecen en el proceso de la misma manera que se gestionan las actividades diarias

-Considerar al CMI como un proyecto importante de la organización (planificación, presupuesto…)

-Comprender que, sin el compromiso y la dedicación, no solo el CMI fallara si no que sufrirán también los procesos del negocio subyacentes

El Cuadro de Mando debe:

-Medir el desempeño respecto a las metas de los equipos Kaizen

-Determinar si las metas son apropiadas

-Determinar si las medidas o estrategias deben de ser corregidas

-Proporcionar resultados directamente medibles y atribuibles a las acciones

de los individuos y equipos Kaizen

Los indicadores y medidas deben

-Utilizar unidades de escala para los indicadores: €, defectos/1,000,000

porcentajes de cambio, etc.

-Tener cifras fiables que se deriven del proceso productivo: calidad,

tiempo de respuesta, cumplimiento del presupuesto...

-Tener variables independientes a la organización que puedan ser controladas

y relacionadas con aquellas que son dependientes

•   No reinventes la rueda, indaga sobre la experiencia adquirida de planteamientos relacionados

-Gestión por objetivos/ Metas basadas en la evaluación

-Multiniveles de evaluación de necesidades/Diagnostico de   la organización

-Teoría basada en la evaluación

109

-Retorno de la inversión/ Análisis de la utilidad

Recuerda que debe

- Unirse a la perspectiva del trabajador

-Ello representan una de las mejores fuentes de valor de la

  organización

- No proporcionar demasiados detalles, sobre todo –incrementar flexibilidad y agilidad

-Mantener ciertas cosas en una perspectiva general como una gran fotografía

-Construirlo desde la base de un método cualitativo/mixto

- Dejar algún aspecto de la organización abierto

-Permitir la creatividad, innovación y libertad de investigación

La utilización del CM como centro de la gestión estratégica ofrece la posibilidad de abordar eficazmente el reto fundamental de la mayoría de las organizaciones, el de identificar, perseguir y alcanzar los objetivos estratégicos en la mejora de procesos

• Ellos apoyan

-Un sentido claro de dirección

-Un profundo entendimiento del modelo económico de salud

-Habilidad de concentrarse y dar prioridades

Agilidad organizacional

Entrenamiento de Six Sigma de Calidad

Antes de hablar del entrenamiento de Six Sigma, quiero hablar de un ejemplo de grandes problemas de calidad que causaron muchos problemas en la empresa, una empresa automovilística que tuvo demandas por errores de funcionamiento que le costaron a la empresa más de 20 millones de dólares, con resultados muy negativos para la empresa.

A principios de los 90s, en los Estados Unidos, varios accidentes ocurrieron cuando al frenar bruscamente el automóvil en movimiento, el pasajero del asiento de enfrente estrello su cara en el panel del auto con danos y lesiones en la cara, el auto de dos puertas, con un asiento del lado del pasajero que se desdobla hacia delante para dar entrada a los pasajeros del asiento trasero del auto.

La empresa después de alguna litigación jurídica y quedar con una decisión en contra de la empresa, decidió buscar la causa de raíz del problema. Mi primer paso fue recabar datos con la Ingeniería de la empresa en Detroit Michigan. De acuerdo a sus detalles, en primera instancia todo parecía indicar que la empresa Bergen Cable, que manufactura todos los cables de reléase de los asientos y otros partes del auto, tenían problemas de calidad en la producción.

Después de visitar tanto la planta matriz de Bergen Cable, así como varias de sus plantas, y recabar datos estadísticos de calidad de producto, así como visitar varias de sus plantas, no se encontró ningún defecto de fabricación ni problemas de calidad de acuerdo a los requerimientos de ingeniería de la empresa automovilística. Revisando las curvas de calidad del producto, no encontré ningún problema que indicara que estaban fabricando fuera de la especificación requerida.

Me indicaron, que quizás al ensamblar los asientos del coche, podrían tener algunos problemas y causar deterioro del producto. La gran mayoría de estos asientos se ensamblan en plantas localizadas en México, así que nos dimos a la tarea de visitar las plantas de ensamble de asientos. No encontramos problemas de ensamblaje, pero si uno de los ingenieros de calidad nos mostró algunas graficas de control y menciono, en los primeros años de este producto, pero cuando hubo cambios de diseño y los asientos se hicieron con movimiento eléctrico en vez de manual, si notamos una diferencia de leve estrangulación del cable de reléase del asiento, el cable es de 7 hilos de acero, y el soporte o buchaca es blando, pero solo sucede algunas veces.

Comento también que, la versión antigua del coche solo tenía una curva entre el asiento y el latch, pero que ahora con dos pequeños motores eléctricos para el movimiento del asiento, el cable 5 cambios de dirección de 90 grados, y causa una estrangulación leve del cable. Tome toda la información estadística y regrese con los ingenieros de Bergen Cable, que estudiaron todos los datos de calidad, incluyendo las gráficas estadísticas.

Me dijeron que la aplicación fue bien diseñada al principio para un asiento manual, pero que, con los cambios de diseño, los cables se deberían haber re diseñado también, y me ofrecieron diseñar un nuevo cable para la nueva aplicación. El nuevo cable contaba con 7 grupos de cable, cada grupo con 7 hilos finos de acero, mucho más flexible pero resistente, y una cubierta dura para prevenir estrangulación del cable. Me fabricaron varios cables para prueba, llevé todos los datos, graficas de control, y nuevos cables a Detroit y expuse el detalle a Ingeniería de diseño.

Se hicieron las pruebas necesarias, revisamos las pruebas estadísticas, el nuevo cable fue aceptado y no se tuvieron nuevos incidentes de seguridad, este fue uno de mis trabajos de Master Six Sigma Black Belt, 4 meses de investigación, estudio de graficas estadísticas en varias empresas armadoras de subensambles, y al final, ahorros de varios millones de dólares y algunas vidas también.

A continuación, expondremos los detalles de la primera parte de Six Sigma con el trabajo de varios Green Belts, luego la segunda parte los estudios y trabajos avanzados para lograr una calidad de 3.4 defectos por millón. Cabe destacar que este tipo de trabajo lo hicimos en muchas otras empresas incluyendo en el RPCM o Remote Power Control Modules de la Estación Espacial Internacional con NASA.

¿Qué es Calidad total en el Proceso?

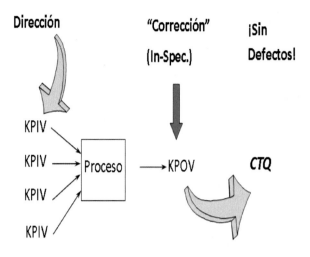

1.   Relaciones estadísticamente

Probadas entre entradas y Salidas del proceso

2. Sistemático

Control

Control

KPIV Key Process Input Variable – Variable de entrada del Proceso

116

KPOV Key Process Output Variable – Variable de salida del Proceso

CTQ – Critical to Quality – Variable Critica de Calidad

El Método de Six Sigma - DMAIC

Definir: Exponga el problema claramente en términos de "Defectos " o "Variación" que molestan al cliente

Medir: Describa el funcionamiento del Proceso, mide los defectos.

Analiza: El proceso se cuantifica en Unidades medibles y Unidades Contables, entonces, Identifique los Inputs clave ESTADÍSTICAMENTE Describa la Relación Entre Entradas (Inputs) y la Salida (Output) ...

Encuentre las Entradas (inputs) con el Impacto Mayor sobre la Salida (output)

Mejora: Experimentar Sistemáticamente con los Inputs para encontrar la combinación de entrega Optima de Output

Controla: ¡Controlar los Inputs para generar de forma Rutinaria el Output Optimo!

Six Sigma es la Aproximación Sistemática a la resolución de problemas

Que es y Que no es six sigma

Debe ser: No es:

Reducción de Defectos   Crear una nueva estrategia de mktgt

Reducción de Variaciones   Realizar un congreso

Reducción de costes   Desarrollar un nuevo producto

... En procesos existentes   Encontrar un nuevo proveedor

¡¡Es un método basado en procesos, ...No en eventos!!

¿Cuál es el proceso de Six Sigma?

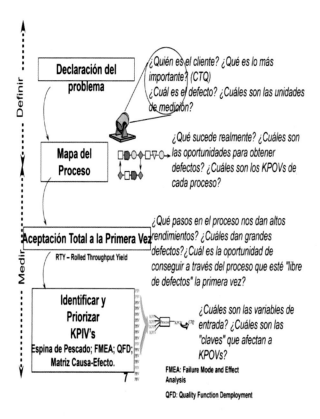

¡La declaración del o los problemas es el punto de partida más importante! Uno de mis clientes me pidió un proyecto de Reducción de Costes por exceso de quejas de clientes. El Departamento de envíos me dio su informe de porcentaje de errores en envíos con un 98.7% de efectividad.

El cliente en mi visita me invito a recibir una carga en recibos, el informe decía 44 pallets, solo encontramos 42 pallets, luego me pidió, escoja el pallet que quiera y lo revisamos, escogí uno que decía 38 cajas, al revisarlo solo tenía 34 cajas, me dijo, ¡este es el problema! Me dijo, solo 3 de cada 10 envíos están correctos. ¿¿Cuál es el problema??

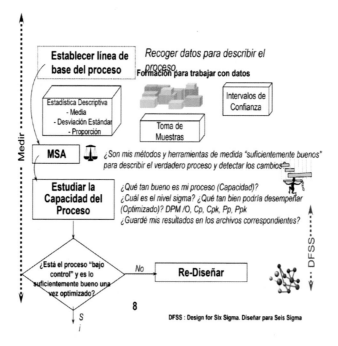

8

DFSS : Design for Six Sigma. Diseñar para Seis Sigma

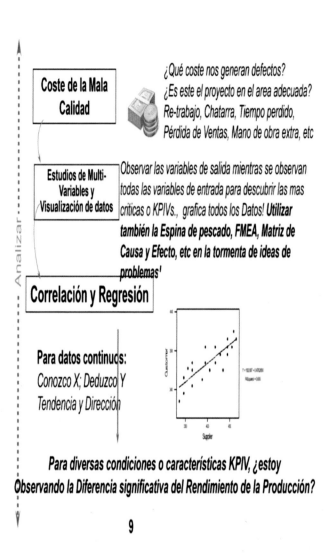

Coste de la Mala Calidad

¿Qué coste nos generan defectos?
¿Es este el proyecto en el area adecuada?
Re-trabajo, Chatarra, Tiempo perdido,
Pérdida de Ventas, Mano de obra extra, etc

Estudios de Multi-Variables y Visualización de datos

Observar las variables de salida mientras se observan todas las variables de entrada para descubrir las mas criticas o KPIVs., grafica todos los Datos! **Utilizar también la Espina de pescado, FMEA, Matriz de Causa y Efecto, etc en la tormenta de ideas de problemas'**

Correlación y Regresión

Para datos continuos:
Conozco X; Deduzco Y
Tendencia y Dirección

Para diversas condiciones o características KPIV, ¿estoy Observando la Diferencia significativa del Rendimiento de la Producción?

9

Analizar

121

Uno de los proyectos más importantes, es Reducción del Coste de la NO Calidad. Mas adelante hablaremos de todos los componentes del coste de la no calidad, en GE el CEO Jack Welch ordeno a todas las divisiones hacer este estudio, el resultado fue cientos de millones de dólares del coste de la no calidad. Se programaron proyectos de Six Sigma del Coste de la Mala calidad, y el resultado fueron varios cientos de millones de dólares. ¡¡Los proyectos tuvieron un coste de casi 5 millones de dólares, pero el resultado fue más de 10 veces el ahorro!!

¡¡Este es el trabajo del Black Belt en la Empresa!!

Atributos   **Datos Variables**

Análisis Binomial de la media

Compara 2 o más

* Minitab Exige igualdad en el tamaño de las muestras

— *Desviación Estándar*

Homogeneidad o Variante

Dos o más desviaciones estándar.

Análisis de Proporciones

Al igual que Binomial; pero Minitab no lo hace

Chi Cuadrado

Una desviación para un objetivo

F-Test

Diferencia de una desviación a otra

Analizar

En el momento que he confirmado qué variables de entrada afectan más directamente a las variables de salida: Pasar a "Mejorar / Optimizar" Características, Configuración, Métodos o Procedimientos de la KPIVs

123

Identificar las Opciones de Mejora

Definir los procesos/Estandarización

¿Hay un proceso estándar que todo el mundo sigue? Si no ¿alguno se los procesos da rendimientos óptimos? Si ningún proceso los da, ¿podemos definir un proceso sencillo y directo? ¿Necesitamos DFSS? ¿Proceso VaVe?

Diseño de Experimentos

DOE

Como establecer el KPIVs para producir el mejor KPOV

Agrupar por Familias

Experimentos de agrupación y filtración para reducir el número de factores en un DOE

2ᵏ Factorial

Experimento de detección de factores múltiples

Factorial Completo

Son pocos los factores clave, muchos los niveles y la información... todo eso es lo que usamos para encontrar los valores óptimos

Agrupar

Una forma de entender como el "ruido" afecta a las variables.

Mejorar/Optimizar

12

124

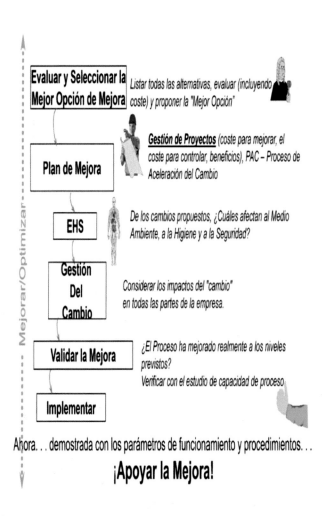

Evaluar y Seleccionar la Mejor Opción de Mejora — *Listar todas las alternativas, evaluar (incluyendo coste) y proponer la "Mejor Opción"*

Plan de Mejora — ***Gestión de Proyectos*** *(coste para mejorar, el coste para controlar, beneficios), PAC – Proceso de Aceleración del Cambio*

EHS — *De los cambios propuestos, ¿Cuáles afectan al Medio Ambiente, a la Higiene y a la Seguridad?*

Gestión Del Cambio — *Considerar los impactos del "cambio" en todas las partes de la empresa.*

Validar la Mejora — *¿El Proceso ha mejorado realmente a los niveles previstos?*
Verificar con el estudio de capacidad de proceso

Implementar

Mejorar/Optimizar

Ahora. . . demostrada con los parámetros de funcionamiento y procedimientos. . .

¡Apoyar la Mejora!

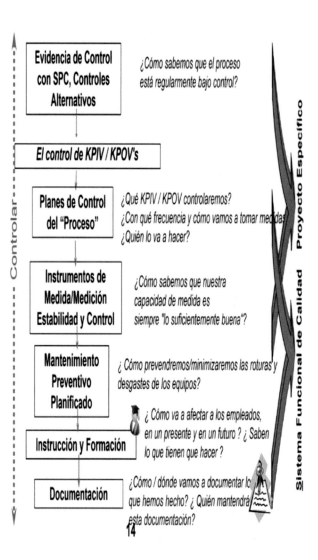

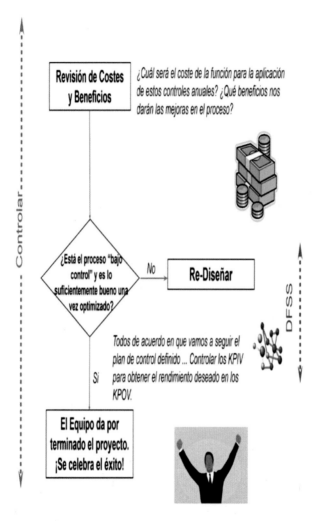

Controlar

Revisión de Costes y Beneficios

¿Cuál será el coste de la función para la aplicación de estos controles anuales? ¿Qué beneficios nos darán las mejoras en el proceso?

¿Está el proceso "bajo control" y es lo suficientemente bueno una vez optimizado?

No → **Re-Diseñar**

DFSS

Todos de acuerdo en que vamos a seguir el plan de control definido ... Controlar los KPIV para obtener el rendimiento deseado en los KPOV.

Si

El Equipo da por terminado el proyecto. ¡Se celebra el éxito!

127

Problemas con las definiciones de los problemas;

☐ Respuesta Mal Definida, No Cuantificable o No Vinculada al Cliente CTQ.

☐ Cuantificación basada en Pensamientos Anecdóticos ·

☐ Inexistencia o difícil acceso a la Fuente de Datos.

☐ Unidades de Medida y/o Datos específicos no Compatibles con el Cliente.

☐ Establecido con una Solución Predeterminada en vez de como un Problema

Pasos para el equipo

1. Mapa del proceso de Calidad

2. Identificar los retrabajos (Trabajo Sumergido)

3. Identificar el nivel de desperdicio

4. Calcular paso a paso el "Rendimiento a la Primera"

128

5. Calcular "Process Rolled Throughput Yield" y priorizar las áreas de mejora

6. Implementar "Puntos de Control de Proceso" (documentación, documentación, documentación)

Veamos un ejemplo de estudio de datos estadísticos de una empresa que manufactura viguetas de carreteras, cuando se encontraron fallos de tensión en las viguetas con las pruebas de flexión y fisurado.

Aunque la densidad no tiene problemas, hay que notar que tenemos una área en el nivel de densidad en el que no hay uniformidad en la distribución.

Densidad m

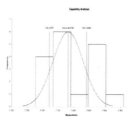

Densidad rg

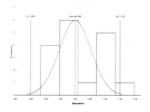

Esto pudiera ser indicativo de un problema en la variación de áridos, aunque no es un problema crítico.

Debe notarse la falta de uniformidad en las curvas, esto indica ya un problema que quizás sea a nivel de áridos antes de la preparación del concreto.

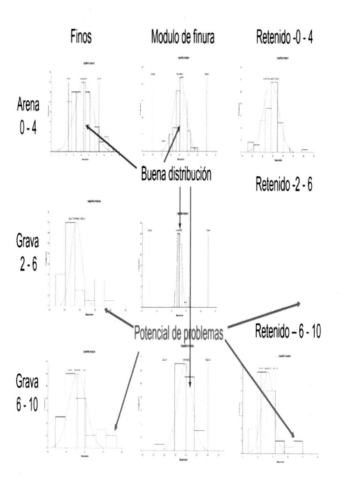

Notamos una buena distribución en la arena y parte de la grava, sin embargo, algunas medidas de la grava media de 2-6 así como la grava mayor 6-10 muestra mucha disconformidad especialmente al final de la curva de normal. Esto al visitar la planta de áridos, encontramos bandas de acarreo con muchas roturas y material caído en las otras bandas creando estos problemas de medidas mixtas. Esto en la preparación del concreto crea problemas y puede causar problemas de baja tensión y fisurado.

Variable de flexión

Fisuración de forjado

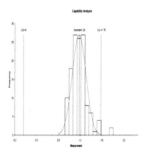

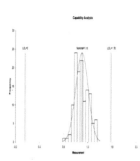

La distribución de los variables, tanto de las pruebas de tensión como de fisuración de forjado son excelentes, no se ven problemas aparentes.

Sería muy interesante conocer y controlar el nivel sigma de nuestra calidad para poder controlar mejor el coste directamente asociado con la calidad de nuestros productos.

Sin embargo, las pruebas de flexión y fisurado en el producto terminado nos dan una historia muy diferente, ya que la curva de fisuración y aún más la de flexión muestran una gran resistencia. Dado a que el estudio de áridos nos muestra un problema que debía hacer que estas dos curvas deberían ser poco uniformes y fuera del límite bajo en la parte izquierda de la gráfica, nos dimos a la tarea de hacer observaciones de producción en planta.

Las viguetas de acuerdo a los diseños de ingeniería deberían llevar 3 varillas de acero dentro y a lo largo de toda la vigueta de concreto para reforzar la tensión, pero el supervisor de producción ya con años de experiencia sabía que no pasaría así las pruebas de tensión y fisurado, así que, bajo sus órdenes directas, a cada vigueta se la añadían dos varillas de acero para asegurar el paso de las pruebas necesarias.

El departamento de compras siempre se quejaba de robo de varillas de acero ya que cada mes se excedía el uso y la explicación era mala varilla y desechos, la realidad era que la varilla era de buena calidad, pero se utilizaba para esconder los problemas creados por malos áridos en el concreto. Estos son los problemas que un Six Sigma Black Belt, con la ayuda de los Green Belt debe poder encontrar y solucionar. Veamos los pasos a seguir;

Miembros Potenciales del equipo de Causa & Efecto

•	Accionistas – Asegura todo el apoyo de la Dirección

•	Dueños del Proceso – Interés de los que lo hacen todos los días, los que mejor lo conocen.

•	Expertos – Visión experta e histórica

•	Participantes Indirectos – Experiencia diaria

•	Facilitador – La guía Imparcial

•	Experto en la herramienta – Experiencia Técnica

•	Persona fuera del Paradigma – Añade credibilidad

1. Establecer el **Equipo** de
   Brainstorming
   ....a systematic approach

2. Desarrollar un Diagrama de
   Causa y Efecto
   ....which identifies all inputs leading to

3. Crear una Matriz de
   Cause y Efecto
   ...."key" process inputs separate from all input variables

Mostramos a continuación un diagrama de
Causa y Efecto

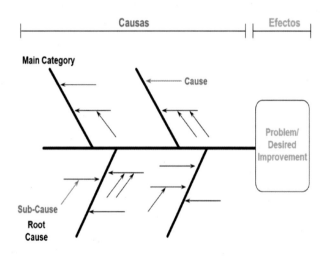

¿Porque utilizar un Diagrama de Causa y Efecto?

• Para dar enfoque a la discusión

• Para descubrir las causas más probables del problema para los análisis futuros.

• Para visualizar las posibles relaciones entre las causas de cualquier problema pasado o futuro.

• Para determinar con precisión las condiciones que causan las quejas de los clientes, los errores del proceso o productos no conformantes.

Para ayudar en el desarrollo de las mejoras del proceso.

Para permitir al Equipo explorar, identificar, cuantificar, y geográficamente mostrar en detalle todas las posibles causas relacionadas con el problema.

Para ayudar al Equipo a hacer una buena tormenta de ideas de las causas y cuantificar la correlación entre todos los inputs y outputs

135

del proceso y separar a los pocos que son los más importantes.

Enlazar el Diagrama de Causa y Efecto con otras herramientas de Calidad.

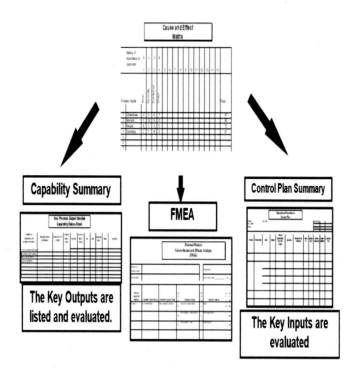

Que es FMEA o Failure Mode and Effect Analisis

Modo de Análisis de Defectos

FMEA

Procedimiento de análisis disciplinado que pretende:

- Anticiparse al fallo

- Prevenir la (re) aparición

Objetivos y puntos principales del FMEA;

1.   Poder guiar a un equipo multidisciplinar en un proceso FMEA.

2.   Poder interpretar los resultados de un FMEA.

3.   Comprender que el alcance de un FMEA puede ir desde un proceso específico para todo el proceso … o es probable que se utilice un proyecto específico FMEA.

FMEA Formato de Columnas

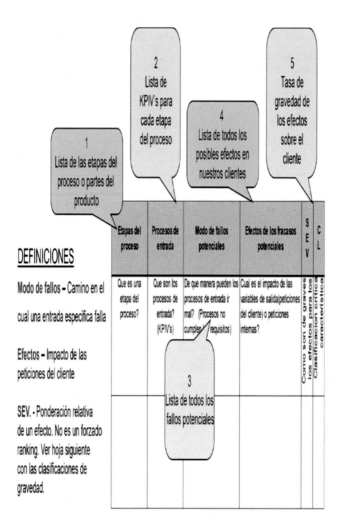

DEFINICIONES

Modo de fallos – Camino en el cual una entrada específica falla

Efectos – Impacto de las peticiones del cliente

SEV. - Ponderación relativa de un efecto. No es un forzado ranking. Ver hoja siguiente con las clasificaciones de gravedad.

	Etapas del proceso	Procesos de entrada	Modo de fallos potenciales	Efectos de los fracasos potenciales	S E V	C L
	Que es una etapa del proceso?	Que son los procesos de entrada? (KPIV's)	De que manera pueden los procesos de entrada ir mal? (Procesos no cumplen / requisitos)	Cual es el impacto de las variables de salida(peticiones del cliente) o peticiones internas?	Como son de graves los efectos para los efectos	Clasificación crítica característica

1 — Lista de las etapas del proceso o partes del producto

2 — Lista de KPIV's para cada etapa del proceso

4 — Lista de todos los posibles efectos en nuestros clientes

5 — Tasa de gravedad de los efectos sobre el cliente

3 — Lista de todos los fallos potenciales

Rangos de Gravedad utilizados de forma Estándar

138

RANGO	GRADO DE GRAVEDAD
1	El Cliente no notará los efectos adversos o es insignificante
2	Cliente probablemente experiencia ligera molestia
3	Cliente experiencia molestia debido a la leve disminución del rendimiento
4	Insatisfacción del cliente debido a la reducción de rendimiento
5	Cliente se hace incómoda o su productividad es reducida por la continua degradación de l efectos
6	Garantía de reparación o importante de fabricación o montaje de denuncia
7	Alto grado de insatisfacción del cliente debido a fracaso sin componente Pérdida completa de la función.
8	Muy alto grado de insatisfacción debido a la pérdida de la función sin una negativa impacto en la seguridad o los reglamentos gubernamentales
9	Cliente en peligro de extinción, debido al efecto adverso sobre el desempeño del sistema de seguro con la advertencia antes de incumplimiento o violación de los reglamentos gubernamentales
10	Cliente en peligro de extinción, debido al efecto adverso sobre el desempeño del sistema de seguro sin previo aviso antes de incumplimiento o violación de los reglamentos gubernamentales

En resumen, el FMEA bien realizado nos ayuda;

☐ Identifica modos de fracaso de producto/procesos potenciales temprano

☐ Aumenta la probabilidad que todos los modos de fracaso de producto/proceso y sus efectos sean considerados

☐ Identifica las acciones que podrían eliminar o reducir la posibilidad de que fracasos potenciales ocurran

139

☐ Ayuda a identificar características potenciales críticas y características significativas

☐ Establece una prioridad para acciones de mejora de producto/proceso

☐ Documenta la exposición razonada detrás de cambios de diseño de producto/proceso

☐ Artículos en el desarrollo de proyectos de control de procedimiento

El Six Sigma Green Belt es el líder funcional y responsable del mantenimiento del FMEA.

• Los proveedores mantienen su propios FMEAS actualizados.

• Esto debería ser establecido en el plan de control con el Black Belt y Green Belt. También, el engranaje de distribución para la actualización debería ser incluido.

Hasta aquí hemos cubierto en su mayoría el trabajo y la responsabilidad de un Green Belt bajo la guía de un Black Belt.

A continuación, veremos el trabajo de estudio y análisis de un Black Belt, recordemos que;

Green Belt se hace cargo de los estudios y graficas de los proyectos, y puede llevar a cabo pequeños proyectos de mejora de hasta $25,000 anuales de ahorros

Black Belt es responsable de proyectos de cuando menos $50,000 de ahorros anuales para la empresa.

Master Black Belt es responsable de todos los proyectos Six Sigma de la empresa y debe apoyar y entrenar cuando menos tres Black Belts y lograr ahorros de cuando menos $150,000 de ahorros anuales para la empresa.

No cubriremos aquí todos los tipos de actividades de Six Sigma, pero a continuación exponemos una lista de todos los tipos de análisis para proyectos de Six Sigma:

☐   Coste de la No Calidad

☐   Mapa de la Cadena de Valor

☐   Probabilidad

☐   Estadística Básica

141

- Prueba de Repetibilidad y Reproducibilidad (R&R)

- Capacidad del Proceso

- Analisis Grafico

- Intervalos de Confianza

- Test de Hipótesis

- Analisis de Varianza (ANOVA)

- Analisis de Regresión

- Introducción a Diseños de Experimentos (DoE)

- DoE Fraccional

- Control Estadístico del Proceso (SPC)

Seis Sigma es una metodología altamente disciplinada que se centra en desarrollar y proveer productos y servicios casi perfectos constantemente. Seis Sigma es también una estrategia de la dirección para usar herramientas estadísticas y planificar el trabajo con el fin de conseguir buenos beneficios y ganancias importantes en calidad.

Mediante el adecuado uso de ambos enfoques, podemos:

• Reducir costes de los procesos a través de la eliminación de errores internos.

• Identificar oportunidades de mejora en los procesos.

• Incrementar la productividad de la organización, eliminando desperdicios de los procesos.

• Aumentar la competitividad global de su organización.

• Minimizar los desperdicios de los procesos.

• Reducir los tiempos de procesos y los plazos de entrega.

• Aumentar la satisfacción de los clientes.

• Participar activamente en Proyectos Lean Six Sigma.

Proyecto de Reducción de Costes de la NO Calidad.

Los componentes del Coste de la No Calidad o CoPQ son;

1. Costes de Prevención

2. Costes de Evaluación

3. Costes de Fallos

4. Costes de Desperdicios en el Proceso

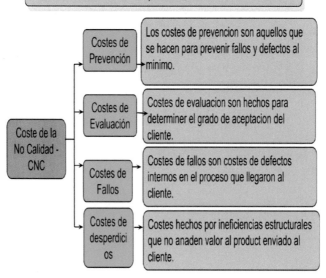

Aquí, algunos ejemplos básicos de los Costes
de Prevención;

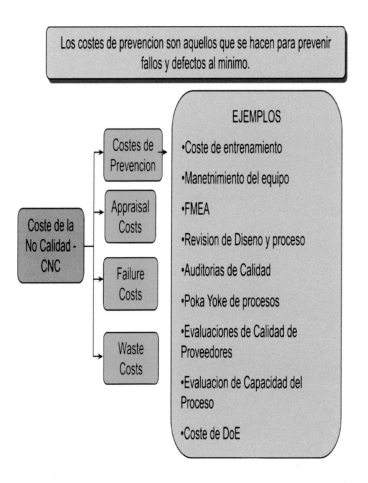

Si el coste de entrenamiento es costoso, el coste de NO entrenamiento es 10 veces más costoso, debemos recordar que las mejoras empresas a nivel global, ¡tienen programas de entrenamiento de hasta 1 mes antes de entrar al área de trabajo, Disney y Boeing son los mejores ejemplos!

Se incurre en costos de evaluación para determinar el grado de conformidad con las necesidades del cliente.

Cost of Poor Quality

- Prevention Costs
- **Costes de Evaluacion**
- Failure Costs
- Waste Costs

EJEMPLOS

- Firmas/Aprobaciones
- Revisiones de la gerencia
- Pruebas de materiales entrantes
- Inspección y pruebas en proceso
- Mantenimiento de equipos de prueba
- Calibración de instrumentos y equipos
- Auditorías de calidad del producto

Los costes de Evaluación usualmente pasan como invisibles pues se cree que deben ser parte del proceso, pero en su mayoría estas pruebas de inspección, equipos de prueba y auditorias de Calidad son ahora parte de la responsabilidad de los proveedores.

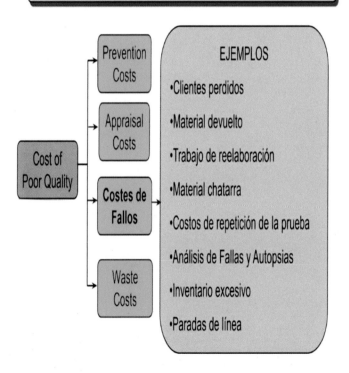

Los costos de fallos se incurren directamente por defectos internos del sistema o después del envío al cliente.

Cost of Poor Quality
- Prevention Costs
- Appraisal Costs
- **Costes de Fallos**
- Waste Costs

EJEMPLOS
- Clientes perdidos
- Material devuelto
- Trabajo de reelaboración
- Material chatarra
- Costos de repetición de la prueba
- Análisis de Fallas y Autopsias
- Inventario excesivo
- Paradas de línea

Equipo defectuoso, mantenimiento defectuoso, material chatarra en mantenimiento para ahorrar costes, así como inventarios en exceso son gran parte de estos costes.

Los costos de desperdicio son impulsados por ineficiencias estructurales que no agregan valor al producto entregado al cliente.

Cost of Poor Quality

- Prevention Costs
- Appraisal Costs
- Failure Costs
- **Costes de desperdicios**

EJEMPLOS

- Distancia recorrida durante la fabricación
- Mano de obra innecesaria
- Espacio de piso innecesario
- Tiempo de ciclo innecesario
- Mano de obra de montaje innecesaria
- Mano de obra dedicada a la espera de piezas
- Operaciones de proceso innecesarias
- Retrasos en la introducción del producto
- Costos generales innecesarios

148

Distancias de recorrido, inventarios en medio del proceso, operaciones innecesarias, retrabajos, espacio de piso innecesario son solo algunos de los costes que más encontramos pero que también pasan como invisibles ya que creemos que es parte del trabajo en el proceso.

Debemos recordar que, si la primera parte del programa se centra en la mejora del OEE o Eficiencia Total del Equipo, esta segunda parte de proyectos Six Sigma se centra en la medición del Coste de la No Calidad.

Capitulo 3.

VaVe o Value Analisis Value Engineering

Proyectos Kaikaku

¿Qué es Ingeniería de Valor? ¿Cuál es su origen?

En 1940 General Electric comenzó a sustituir materiales alternativos por productos debido a la escasez de materiales creada por la Segunda Guerra Mundial. Encargo dado a L.D. Millas: Desarrollar un programa de reducción de costes usando material sustituto que no degrade los parámetros de desempeño requeridos.

En 1947, Larry Miles desarrolló los conceptos de reducción de costos que se aplicaron en el departamento de compras de GE. Denominó el enfoque ANÁLISIS DE VALOR. Permitió al usuario concentrarse en los requisitos de la función, lo que permitió una mayor libertad mental.

En 1950, Adoptado por agencias del gobierno federal (Ejército a través del Watervliet Arsenal en Nueva York y la Armada a través de su Oficina de Naves. El programa desarrolló un nuevo nombre: INGENIERÍA DE VALOR: se aplica al diseño preliminar y la

150

redacción de especificaciones. Se iniciaron partes adicionales de la industria de EE. UU. La Sociedad de Se formó American Value Engineers (SAVE)

En 1960, Japón adoptó el análisis de valor con entusiasmo. General Motors comenzó a utilizar el proceso. También muchas de las empresas de la industria de electrodomésticos comenzaron a aplicarlo. La Marina australiana comenzó a utilizar VA modelando el proceso utilizado por el Departamento de Defensa de EE. UU. Se formó la Sociedad de Ingeniería de Valor Japonesa (SJVE).

Los años 70 trajeron un aumento de uso en el Departamento de Defensa. Don Parker (1971) de GSA estableció un programa para recompensar a los contratistas. Este esfuerzo condujo a una gran expansión en la industria de la construcción que continúa en la actualidad. Se formó la Fundación de Valor Lawrence D. Miles.

En 1983, el premio Miles se entregó por primera vez en Japón. En 1985, un año después de su muerte, Miles recibió la Medalla de la Alta Orden al Mérito Imperial. VM creció en popularidad en los Estados Unidos. GM tenía aproximadamente 100 personas de VM a tiempo completo.

Importante crecimiento en los espacios gubernamentales; en 1990 el Estado de Virginia requirió por ley el uso de VM con $200,000,000 de ahorros reportados. En 1996 Pres. Clinton firmó una ley que requiere VE en proyectos de montos significativos en dólares. La Society of American Value Engineers cambió su nombre a SAVE International. En su mayor parte, GM dejó de usar VM como una metodología básica a pesar de los ahorros documentados de más de mil millones de dólares. El uso de VE para proyectos de construcción siguió creciendo a pesar de las quejas de muchos arquitectos.

Corea amplía el uso de VM con Samsung y Hyundai/Kia Motor Company iniciando departamentos VE. La certificación profesional en los EE. UU. y en el extranjero, particularmente en el Medio Oriente, está creciendo significativamente.

En 2001, obtuve mi certificación de Va Ve en SAVE International como Consultor Internacional de ARGO Consulting, una de las mejores empresas de Consultoría Internacional a nivel global, llevando a cabo proyectos de VaVe y certificando Ingenieros en Europa y América.

En 1975, SAVE International estableció el Miles Award en honor a Mr. Miles. En Octubre de 1983, la Sociedad Japonesa de Ingeniería de Valor o SJVE honro también a Mr. Miles creando el Miles Award en Japon.

Tercera Orden del Mérito con Cordón del Sagrado Tesoro.

23 de octubre de 1985 El ministro Keijiro Murato del Ministerio de Industria y Comercio Internacional entrega al Sr. Miles, a título póstumo, la medalla y un pergamino inscrito con el sello del Emperador de Japón. Este premio se otorga solo a aquellos que han realizado contribuciones significativas a Japón a lo largo de sus carreras profesionales. Larry Miles es solo la cuarta persona en recibir este premio.

Los otros tres fueron: Sr. Peter Drucker (Sistemas de Gestión); Dr. W. Edwards Deming (Mejora de la calidad); Sra. Ernestine Gilbreth Carey (Estudios de Eficiencia, Tiempo y Movimiento).

Ingeniería de Valor es;

☐ Un sistema organizado de resolución de problemas que:

☐ Deja en claro la(s) función(es) que son, o deben ser, realizadas por una operación, una parte, un producto, un sistema, un procedimiento o una organización...

☐ Obliga a establecer relaciones costo/función

☐ Estimula el deseo de lograr funciones de forma creativa al menor costo posible sin sacrificar el rendimiento o los requisitos de entrega.

El Concepto de Metodología de Valor es;

Control De Valor	Ingeniería de Valor	Analisis de Valor	Reducción de Coste
Función Orientada Y con Planificación De beneficio Antes de Producción	Función Orientada y con prevención de coste antes de producción	Función orientada con 5-95% de ahorros ya en el mercado	Orientada al articulo 5-15% de ahorros ya en el mercado

TECNICAS TIPICAS DE REDUCCIÓN DE COSTES:

☐ AHORROS DE 5-15%.

☐ PRODUCTO BARATO SI SE EMPUJA MUY LEJOS.

☐ DIRECCIONES SOLO OBVIAS COSTE INNECESARIO.

☐ PARTE - O CARACTERÍSTICA - ORIENTADA.

155

- PREGUNTA "¿CÓMO PODEMOS REDUCIR

- ¿EL COSTO DE ESTE ARTÍCULO?

TECNICA DE AHORRO DE LA METODOLOGIA DE VALOR:

- AHORRA 5-100% DEL COSTE.

- CONSERVA EL RENDIMIENTO, LA CALIDAD, Y VALOR, PARA EL CLIENTE.

- DIRECCIONES OBVIAS Y OCULTAS COSTE INNECESARIO.

- FUNCIÓN - ORIENTADA.

- PREGUNTA "¿CÓMO PODEMOS CONFIABLEMENTE REALIZAR LA FUNCIÓN DE ESTE ARTÍCULO POR EL MENOR COSTE POSIBLE?

Función es el idioma de la Gestión de Valor

Reducción de Coste

Tormenta de Ideas típica de un componente, Tornillo

- Material Alternativo

- Diámetro más pequeño

156

☐   Rosca más pequeña en diámetro

Metodología de Valor

Función, unir partes o piezas

☐   Soldar

☐   Remachar

☐   Prensar

☐   ultrasónico

☐   Diseño de una pieza sin tornillo

La Metodología del valor insiste en que las funciones deben realizarse de manera confiable y deben proporcionar a los clientes toda la calidad, facilidad de mantenimiento y capacidad de servicio que desean y por las que están dispuestos a pagar.

Hasta aquí, hemos repasado las tres metodologías de mejora continua, Lean, Six Sigma y Va Ve, en cada nivel debemos obtener la intervención de IT para obtener toda la ayuda necesaria de los Sistemas Informáticos de Gestión, Cuadros de Mando, informes mensuales estratégicos y de cada equipo Kaizen deben ya estar preparados con los Sistemas Informáticos de Gestión.

La implementación de un Kaikaku requiere también, la implementación de Kanban de Suministros en todo el proceso, así pues, todos los proveedores deberán ser parte del proyecto Kaikaku o Cambio Total, ofreceremos algunos de los mejores ejemplos para ilustrar estos cambios de la Magia y el Poder del Sistema Lean Sigma, en Japon, Estados Unidos, Europa y América Latina donde ya hemos llevado a cabo grandes proyectos con resultados muy positivos. Toyota, Nippon Steel Corp., GE Aerospace, Boeing, Avery Dennison, Airbus Militar, Navantia, Hospital de Molina, Estrella Levante Damn, Tubacero, han invertido mucho en estas implementaciones, y ahora están ya en un nivel de clase mundial.

Los 10 Mandamientos del Kaikaku, Hiroyuki Hirano:

1. Olvida y desecha todos los conceptos tradicionales de manufactura.

2. Piensa como el nuevo método o proceso va a trabajar, no porque NO puede trabajar.

3. No aceptes excusas, niega totalmente el Status Quo.

4. No busques la perfección absoluta, si puedes implementar el 50% y lo puedes hacer de inmediato, HAZLO ahí mismo.

5. Corrige los errores en cuanto los encuentres.

6. No gastes capital en el Kaikaku, invierte.

7. Los problemas te ofrecen la oportunidad de utilizar tu cerebro.

8. Pregúntate "porque" cinco veces, las 5 Why´s.

9. Las ideas de diez personas valen más que el conocimiento de una sola.

10. El Kaikaku no tiene límites.

Taken from Norman Bodeks Book "Kaikaku: The Power and Magic of Lean"

El primer ejemplo nos vuelve de nuevo a proyecto de Sistema de Producción Toyota, que revoluciono el mercado de automóviles en los Estados Unidos, cuando fue posible comprar un vehículo con las mismas o mejores ofertas de comodidad y seguridad en los 80's. cuando Ford, General Motors y

Chrysler perdieron mercado de forma alarmante, cuando podías comprar un carro americano, con algunos defectos y una garantía de solo 1 ano, o comprar un Toyota sin defectos y una garantía de 5 años, partes y mano de obra incluida!!

Luego vino el desplome de Pittsburgh Steel Corp., que dejo casi 150,000 personas sin trabajo en los Estados Unidos, cuando el precio de una tonelada de varilla de acero de construcción costaba entre $120 y $140, y Nippon Steel la ofreció a solo $70 la tonelada. ¡¡Nunca nadie había imaginado el hacer refinerías de acero flotantes!!

En los 90's estuve en GE Aerospace en el programa Phalanx, produciendo sistemas de defensa de los barcos del US Navy y con retraso de entregas de 18 meses, hicimos grandes mejoras en la cadena de abastecimiento nacional e internacional de subensambles para el sistema Phalanx, en menos de un ano, ya estábamos haciendo entregas a tiempo al US Navy.

Boeing también entro en la mejora continua, y la planta de Renton, WA, y de producir un Boeing 737 de entre 15 y 25 días, paso a 7 días, luego a 3 días y finalmente ensamblar un avión por día. Primero, los suministros de producción cambiaron al sistema Kanban,
160

luego el primer cambio de producción a movimientos en pasos, y finalmente a una línea en movimiento. El sistema informático a cargo de Chandru Shankar logro informatizar las entregas justo a tiempo de cada subensamble, y con grandes pantallas en el área de ensamble final, así como kits previamente preparados en el área informatizada de Kitting, se logró lo imposible, ¡una línea de ensamble de aviones en movimiento!

Planta original de montaje en Renton, WA, Boeing 737

Pasos de la transformación en la planta de montaje Boeing

☐ Value Stream Mapping actual y análisis sistemático (VSM).

☐ Balanceo de cargas de trabajo, mejora del flujo basado en el takt time

☐ Estandarizar los pasos del proceso.

☐ Utilizar una gestión visual informatizada en tiempo real

☐ Utilización de kanban en los puntos de utilización (con base a los PRONOSTICOS)

☐ Diseño y preparación de kits, traslado a punto de utilización.

☐ Diseño y reposición de suministros de producción.

☐ Establecer una cadena de abastecimiento con todos los proveedores.

☐ Calidad de seis sigma de entrada, bancos de prueba (¿Six Sigma?)

☐ Re diseño de ingeniería fuera de los límites conocidos.

☐ Rompe los moldes más conocidos o líneas principales.

☐ Lograr una transformación total al flujo continuo de una pieza.

Proyectos de Mejora

☐ Mejoras Lean en la Division de Fabricación (Producción en Línea)

☐ Proyectos con Sistemas de Propulsión (Rolls Royce, Indianápolis)

☐ Proyectos con Fabricación de Alas (Toronto)

☐ Proyectos con Aircraft Systems e Interiores

☐ Mejoras con Tren de Aterrizaje

☐ Certificación de Fuselajes

☐ Mejoras con los Sistemas de Control de Vuelo

☐ Mejoras en Cadena de Abastecimiento y Compras (Pronósticos)

163

Resultado:

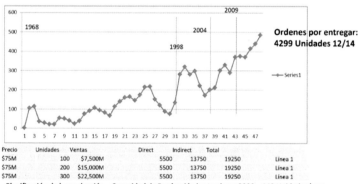

Precio	Unidades	Ventas	Direct	Indirect	Total	
$75M	100	$7,500M	5500	13750	19250	Línea 1
$75M	200	$15,000M	5500	13750	19250	Línea 1
$75M	300	$22,500M	5500	13750	19250	Línea 1

Planificación de la producción – Capacidad de Producción hasta el ano 2000 – 140 Unidades/ ano
Demanda real de Unidades por ano – Mas de 500 unidades / ano
Pronostico de la producción, 140 unidades / ano maximo

Incremento de Eficiencia y Mejora de la Calidad - OEE de 47% a mas del 90%

164

Industria 4.0

El concepto de Industria 4.0 refiere a una nueva manera de producir mediante la adopción de tecnologías 4.0, es decir, de soluciones enfocadas en la interconectividad, la automatización y los datos en tiempo real.

Esta transformación no solo abarca a la producción de bienes y/o servicios de tu empresa, sino a toda la cadena de valor, dado que reconfigura tanto los procesos de elaboración y las prestaciones de productos, como la gestión empresarial, las relaciones clientes y proveedores y, en un sentido más amplio, los modelos de negocios.

Para poder transformarse en una industria 4.0, tu empresa debe iniciar un proceso de incorporación gradual de distintos componentes tecnológicos novedosos, provenientes de los dominios digital y físico.

La implementación de la mejora continua con Lean Six Sigma, es la mejor base para la preparación de la transformación hacia industria 4.0 ya que todos los problemas y desperdicios han sido ya removidos de todos los procesos de la empresa, el mejor ejemplo en America es Boeing, donde ya toda la cadena de suministro, clientes y proveedores son ya parte de la tecnología de interconectividad y automatización.

Por ejemplo:

- Inteligencia artificial.

- Internet de las cosas.

- Robótica.

- Impresión 3D.

- Servicios en la nube.

- Ciberseguridad.

Para ello, es importante que identifiques qué tipo de tecnología es la más funcional a tu empresa para que sea beneficioso realizar una inversión significativa.

Considera:

- Cuál es el bien o el servicio que tu empresa provee.

- Qué modelo de negocios adopta.

- Cuál es su grado de automatización de procesos.

- Cómo se encuentra adaptada la producción a las necesidades del personal de la empresa.

- Qué nivel de interacción existe entre proveedores y clientes.

Beneficios de adaptar tu empresa a la Industria 4.0

- Mejora la productividad y eficiencia en el uso de recursos.

- Genera información útil para la toma de decisiones en tiempo real y la planificación a mediano y largo plazo.

- Permite la creación de nuevos productos y servicios que mejoren la experiencia de los usuarios a partir de esta información recolectada.

- Integra de manera eficiente a todos los actores que intervienen en el proceso de fabricación.

En nuestra opinión, el uso de Inteligencia Artificial es mucho mejor, cuando todos los procesos ya están libres de desperdicios y defectos.

Cabe mencionar algunos grandes proyectos como los que hicimos para la gran empresa Parker Hannifin en varias de sus plantas de producción de hidráulicos en los Estados Unidos, México, Inglaterra, Francia y Suecia.

El Hospital de Molina, en Murcia, España, donde hicimos grandes mejoras en farmacia y medicamentos en todas las plantas, mejoras en atención externa y también en quirófanos donde las mejoras fueron de 4 a casi 12 cirugías por día, que nos hicieron merecedores del premio al más alto nivel en Sanidad en España y Europa.

Whal Clippers en sus plantas de Estados Unidos, Alemania y Hungría, con certificaciones de Va Ve incluidas en Alemania y Estados Unidos.

La Cervecería Estrella Levante Damn, en Murcia y Valencia España, donde logramos incrementar la producción de los trenes de envasado de 25,000 botellas por hora hasta casi 50,000.

En Avery Dennison, empresa de producción de productos de oficina, hicimos grandes proyectos cuyos logros incluyen, un descenso casi total de entregas tarde a los centros de distribución en los Estados Unidos, primero implementando mejoras Lean, luego Calidad de Six Sigma, y finalmente Kaikaku con células de trabajo especializadas en algunos productos, los cuales se implementaron Kanban en los centros de distribución, y cada célula solo trabaja en la producción basada en la demanda.

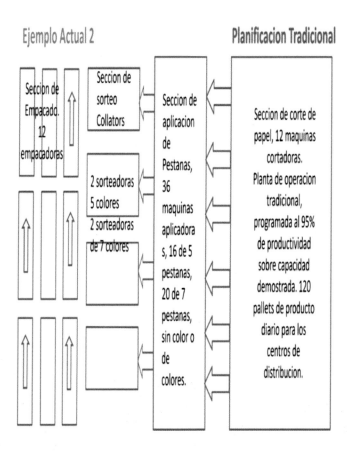

El tiempo de entrega en el proceso tradicional era de 2 semanas, el tiempo de entrega en las células de producción continua de 2 a 3 horas.

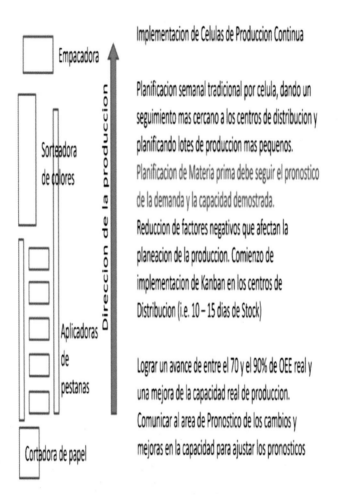

Implementacion de Celulas de Produccion Continua

Planificacion semanal tradicional por celula, dando un seguimiento mas cercano a los centros de distribucion y planificando lotes de produccion mas pequenos.
Planificacion de Materia prima debe seguir el pronostico de la demanda y la capacidad demostrada.
Reduccion de factores negativos que afectan la planeacion de la produccion. Comienzo de implementacion de Kanban en los centros de Distribucion (i.e. 10 – 15 dias de Stock)

Lograr un avance de entre el 70 y el 90% de OEE real y una mejora de la capacidad real de produccion.
Comunicar al area de Pronostico de los cambios y mejoras en la capacidad para ajustar los pronosticos

El área de producción está totalmente cambiada en células de producción continua, o una línea completa en secuencia de pasos o en movimiento. Compras y Pronostico dan seguimiento a la Materia Prima necesaria para enfrentar la demanda.

Los Centros de Distribución están ya conectados en directo con el área de producción, y envían datos de Producto entregado diariamente, indicando la cantidad de producto actual en Kanban

Las células de producción solo deben producir las cantidades para reemplazar el producto que ha salido del Kanban del Centro de distribución para mantener el Kanban

Los envíos son diarios y directos a los Centros de distribución, ya no existe Stock de producto terminado en manufactura o almacén.

En nuestro ejemplo, el área de manufactura es ahora 12 células de producción continua, y la planeación de la producción es diaria y directa desde los centros de distribución.

Cervecería Estrella Levante Damn, Murcia España

171

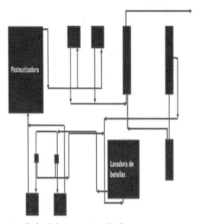

Situación actual:

Capacidad teórica – 60,000 /hr

Rendimiento real – 23,500 / hr

Cambio de formato – 4,5 hrs

Tiempos muertos – 12%

HR – 7 operarios

Proyectos Realizados:

Mejora del OEE en **7 trenes de Prod**

Implementación 5S´s

Averías y microparos

Kanban de envasado

Cambios de formato rapido

Resultados de los proyectos realizados;

Mejora del OEE del 50 al 73%

Mejora de la producción en 23,500,000 a 47,500,00 botellas / año

Reducción de problemas de calidad de un 9%

Planificación de Producción, de 23.5 M a 47.5 M Botellas / ano

De Envasar 2 marcas a envasar 27 marcas de cerveza, Incremento de la demanda en un 100%

Todo el trabajo, los logros gracias a el total apoyo de la Alta dirección de la empresa, ¡y el trabajo en cada proyecto Kaizen por parte del personal operativo y gerencial de la fábrica!

Hay muchos proyectos más, con grandes logros, pero sería imposible hablar de cada uno, han sido empresas en América del Norte, Europa, Centro y Sud América, y Australia, que ya han entrado al grupo selecto de Clase Mundial, utilizando la Mejora continua basada en Lean Sigma.

172

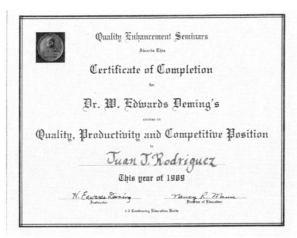

Quality Enhancement Seminars

Awards This

Certificate of Completion

for

Dr. W. Edwards Deming's

course in

Quality, Productivity and Competitive Position

to

Juan J. Rodriguez

This year of 1989

W. Edwards Deming
Instructor

Nancy R. Mann
Director of Education

1.0 Continuing Education Units

Associate Value Specialist

Juan J. Rodriguez

Having met all the requirements of Value Experience and Education required for professional competence is registered as an Associate Value Specialist by the Certification Board of SAVE International.

Effective Date May 2003

Chairman, SAVE Certification Board

President, SAVE International

Certification No 20030541

173

Members of the Board of Trustees are, seated from left, Nancy Sobelou, Trustee District 5, Chita Guevara, Trustee District 2, and Tex Pannell, Trustee District 3. Standing, from left, are Fred Sanchez, Jr., president and Trustee District 6, Charles Feind, vice president and Trustee District 4, Roberto Lerma, secretary and Trustee District 1, and Juan Rodriguez, Trustee District 7.

Juan
Rodriguez,
trustee
District 7
term ends
May, 1994

Served in the YISD
Board of Trustees
May 1991 – May 1994
Board Vice President
1993 – 1994

YSLETA
INDEPENDENT
SCHOOL
DISTRICT

9600 Sims
El Paso, TX
79925-7225

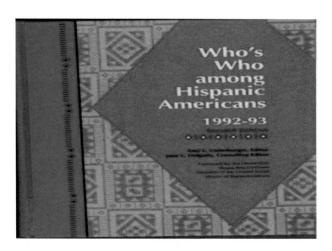

174

Algunas de las referencias profesionales que tenemos en LinkedIn;

Giuseppe Pizzi, Consultant, Italy

Juan siempre será mi "maestro" para mí. Me enseñó a pensar internacionalmente y a liderar con éxito proyectos muy difíciles para ahorrar costos y reorganizar eficientemente el mapeo de flujo de valor de los procesos. Gracias a él y su empresa tuve la posibilidad de analizar desde dentro las grandes empresas españolas y aprender a formar parte de un equipo de éxito. Sus habilidades como maestro son bien conocidas, su enfoque profesional es el mejor que he conocido. Juan siempre será mi "maestro" para mí. Me enseñó a pensar internacionalmente y a liderar con éxito proyectos muy difíciles para ahorrar costos y reorganizar eficientemente el mapeo de flujo de valor de los procesos. Gracias a él y su empresa tuve la posibilidad de analizar desde dentro las grandes empresas españolas y aprender a formar parte de un equipo de éxito. Sus habilidades de maestro son bien conocidas, su enfoque profesional es el mejor que he conocido.

Antonio Rey Cuerda, director Adjunto Fábrica de Motores en Navantia. Cartagena, Murcia, España. Juan Rodríguez es ante todo un magnífico profesional, capaz de analizar con precisión los más complejos problemas empresariales y aportar las soluciones reales a dichos problemas. Su facilidad para ilusionar e integrar equipos es lo que más ayuda a la puesta en práctica de esas soluciones. Además, es una excelente persona. Juan Rodríguez es ante todo un magnífico profesional, capaz de analizar con precisión los más complejos problemas empresariales y aportar las soluciones reales a dichos problemas. Su facilidad para ilusionar e integrar equipos es lo que más ayuda a la puesta en práctica de esas soluciones. Además, es una excelente persona.

Fernando J Álvarez Ortuño, I+D+i Centro Tecnológico Naval y Del Mar, Murcia, España

Juan José es un gran profesional con un alto valor humano, es líder mundial en la enseñanza y aplicación de la filosofía y metodología Lean y Six Sigma, en su experiencia ha trabajado tanto para grandes empresas globales como NASA, Boeing, Airbus, Rockwell, Rolls Royce, etc. y Pymes de diversos sectores que van desde la alimentación hasta la construcción naval.

176

Durante mi paso por el Centro Tecnológico del Mar Naval lo conocí recibiendo un curso relacionado con la excelencia operativa y principios lean y me dejo una gran impresión tanto a nivel profesional como personal, un gran comunicador y sobre todo un gran trabajador. Juan José es un gran profesional con un alto valor humano, es líder mundial en la enseñanza y aplicación de la filosofía y metodología Lean y Six Sigma, en su experiencia ha trabajado tanto para grandes empresas globales como la NASA, Boeing, Airbus, Rockwell, Rolls Royce, etc. y pymes de diversos sectores que van desde la alimentación hasta la construcción naval. Durante mi paso por el Centro Tecnológico del Mar Naval lo conocí recibiendo un curso relacionado con la excelencia operativa y principios lean y me dejo una gran impresión tanto a nivel profesional como personal, un gran comunicador y sobre todo un gran trabajador.

Javier Babé Lamana, Director of Information Technology (CIO) at Elecnor Deimos Satellite Systems, Ciudad Real, España.

Conocí a Juan José en 2011 mientras trabajaba como experto en Lean Manufacturing y 6-sigma para Excel

Consultores en España. Como Director de Calidad de Elecnor-Deimos, me impresionó mucho la propuesta empresarial de Juan de implementar un proyecto de mejora del rendimiento de los procesos en toda la empresa para Deimos. Juan demostró su verdadero dominio de las metodologías Lean y VSM al ofrecer una implementación a medida para una gran organización de desarrollo de software aeroespacial como Deimos. Su propuesta fue capaz de impulsar la eficacia y la eficiencia generales en todos los procesos de la empresa, desde las relaciones con los clientes hasta la entrega del producto y el soporte posventa.

La experiencia técnica y gerencial de Juan se basa en bases sólidas, como ya lo ha acreditado a través de años de éxito con el programa ISS de la NASA y Boeing Defense Systems. Además de eso, sus habilidades interpersonales y de comunicación le han permitido desarrollar relaciones laborales productivas tanto con nuestro personal como con los proveedores. Juan tiene las habilidades de escuchar y entrevistar necesarias para leer y comprender las preocupaciones y necesidades de los clientes, extraer información mientras realiza evaluaciones técnicas, administrativas y financieras sensatas.

Puedo recomendar a Juan José sin reservas. Conocí a Juan José en 2011 mientras trabajaba como experto en Lean Manufacturing y 6-sigma para Excel Consultores en España. Como director de Calidad de Elecnor-Deimos, me impresionó mucho la propuesta empresarial de Juan de implementar un proyecto de mejora del rendimiento de los procesos en toda la empresa para Deimos. Juan demostró su verdadero dominio de las metodologías Lean y VSM al ofrecer una implementación a medida para una gran organización de desarrollo de software aeroespacial como Deimos. Su propuesta fue capaz de impulsar la eficacia y la eficiencia generales en todos los procesos de la empresa, desde las relaciones con los clientes hasta la entrega del producto y el soporte posventa. La experiencia técnica y gerencial de Juan se basa en bases sólidas, como ya lo ha acreditado a través de años de éxito con el programa ISS de la NASA y Boeing Defense Systems. Además de eso, sus habilidades interpersonales y de comunicación le han permitido desarrollar relaciones laborales productivas tanto con nuestro personal como con los proveedores. Juan tiene las habilidades de escuchar y entrevistar necesarias para leer y comprender las preocupaciones y necesidades de los clientes, extraer información mientras realiza evaluaciones técnicas, administrativas y financieras sensatas. Puedo recomendar a Juan José sin reservas.

Lean Sigma Management MBA Profesor Visitante;

También, he sido Profesor Visitante en el programa MBA de universidades como Universidad Católica de Murcia, en Murcia España, Universidad de Madrid Campus Valencia, España, Universidad Positivo, Curitiba, Brasil, Universidad Unisinos, Rio Grande del Sur, Brasil, y el programa conjunto MBA de ENAE de la Universidad de Murcia y PBS o Panamerican Business School, Universidad de Guatemala donde actualmente sigo impartiendo clase de Lean Sigma Management.

Es importante notar también que estamos llevando a cabo Proyectos de Mejora Continua con Lean Sigma Online, trabajando vía Online con los equipos directivos y equipos Kaizen de las empresas.

Epílogo

Juan José Rodríguez recibió la baja honorable de los US Marines, Quántico Virginia, USA en 1977. En 1983 Graduado en Ingeniería Eléctrica y Titulado BBA en Administración de Empresas en la Universidad del El Paso, Texas, Estados Unidos de Norte América, logrando las notas más altas en sus dos carreras. Una vez terminada su carrera ingreso como ingeniero y responsable de manufactura en Rockwell Collins, Military Systems Division (CMSD), trabajando para proyectos del departamento de defensa de los Estados Unidos.

Después de recibir su especialización como Experto en Toyota Production System, o Lean System en los Estados Unidos, paso a trabajar con General Electric Aerospace con el programa Phalanx ya como experto en Calidad, donde recibió su titulación como Six Sigma Black Belt o Cinturón Negro de sistemas de Seis Sigma en Calidad a nivel Mundial. Años después ingreso a Boeing como experto en Manufactura de Mejora continua y calidad. Finalmente, gracias a su experiencia trabajo con NASA en las misiones STS-97 y STS-98 para los RPCM o controles de poder remoto de la Estación Espacial

Internacional, donde recibió reconocimientos por su trabajo en las dos misiones.

Master Black Belt en Lean Six Sigma en Estados Unidos y acreditado en Europa y América Latina, fue también Vicepresidente del Consejo Directivo del Distrito Escolar Independiente de Ysleta, (YISD) en El Paso, Texas, con más de 50 escuelas, 55,000 estudiantes y un presupuesto de $280M de dólares anuales (1991-1994), haciendo mejoras en los programas de educación tan importantes que YISD paso de ser uno de los distritos más atrasados en Texas, a uno de los mejores, logrando que las becas universitarias para estudiantes del distrito fueran de $1.5 M de dólares, a $5M. luego a $15M y finalmente a $25M en su último año en el Consejo Directivo del Distrito Escolar, recibiendo una mención honorifica de Ann Richards, Gobernadora del Estado de Texas en los Estados Unidos.

Gracias a este desempeño profesional y apoyo en educación en el Estados de Texas, fue elegido como uno de los Hispanos más Prominentes de los Estados Unidos, acreditado en el libro del Congreso de los Estados Unidos "Who's Who Among Hispanic Americans" 1993 edition.

182

En el 2007 logro grandes mejoras para la Industria química Takasago, en Murcia España, donde se producen las bases químicas para los perfumes de Channel en Francia, la empresa Takasago publico los proyectos de Juan José Rodriguez realizados en España nombrándolo ya como un Lean Sensei reconocido en Japon. Esto le dio la experiencia de Consultoría Internacional de Lean Sigma Management que ha podido implementar en 45 países, trabajando en España con Airbus Militar en Andalucía España, así como Navantia en Cartagena, Murcia donde residió desde 2000 hasta el año 2015.

Made in the USA
Columbia, SC
07 September 2023